中华烹饪古籍经典藏书

养小录

[清] 顾 仲 撰

中国商业出版社

图书在版编目（CIP）数据

养小录 / (清) 顾仲撰 . -- 北京：中国商业出版社，
2022. 10

ISBN 978-7-5208-2229-9

Ⅰ . ①养… Ⅱ . ①顾… Ⅲ . ①烹饪—中国—清代
Ⅳ . ① TS972.117

中国版本图书馆 CIP 数据核字（2022）第 171637 号

责任编辑：郑　静

中国商业出版社出版发行

（www.zgsycb.com　100053　北京广安门内报国寺 1 号）

总编室：010-63180647　编辑室：010-83118925

发行部：010-83120835/8286

新华书店经销

唐山嘉德印刷有限公司印刷

*

710 毫米 ×1000 毫米　16 开　12.25 印张　110 千字

2022 年 10 月第 1 版　2022 年 10 月第 1 次印刷

定价：55.00 元

* * * *

（如有印装质量问题可更换）

《养小录》工作团队

统　筹

刘万庆

注　释

邱庞同　刘　晨　夏金龙　张可心　刘义春

译　文

邱庞同　刘　晨　夏金龙　张可心　刘义春

审　校

金家瑞

中国烹饪古籍丛刊
出版说明

国务院一九八一年十二月十日发出的《关于恢复古籍整理出版规划小组的通知》中指出：古籍整理出版工作"对中华民族文化的继承和发扬，对青年进行传统文化教育，有极大的重要性"。根据这一精神，我们着手整理出版这部丛刊。

我国的烹饪技术，是一份至为珍贵的文化遗产。历代古籍中有大量饮食烹饪方面的著述，春秋战国以来，有名的食单、食谱、食经、食疗经方、饮食史录、饮食掌故等著述不下百种，散见于各种丛书、类书及名家诗文集的材料，更是不胜枚举。为此，发掘、整理、取其精华，运用现代科学加以总结提高，使之更好地为人民生活服务，是很有意义的。

为了方便读者阅读，我们对原书加了一些注释，并把部分文言文译成现代汉语。这些古籍难免杂有不符合现代科学的东西，但是为尽量保持其原貌原意，译注时基本上未加改动；有的地方作了必要的说明。希望读者本着"取其精华，去其糟粕"的精神用以参考。

编者水平有限，错误之处，请读者随时指正，以便修订和完善。

中国商业出版社

1982 年 3 月

出 版 说 明

20世纪80年代初，我社根据国务院《关于恢复古籍整理出版规划小组的通知》精神，组织了当时全国优秀的专家学者，整理出版了"中国烹饪古籍丛刊"。这一丛刊出版工作陆续进行了12年，先后整理、出版了36册。这一丛刊的出版发行奠定了我社中华烹饪古籍出版工作的基础，为烹饪古籍出版解决了工作思路、选题范围、内容标准等一系列根本问题。但是囿于当时条件所限，从纸张、版式、体例上都有很大的改善余地。

党的十九大明确提出："深入挖掘中华优秀传统文化蕴含的思想观念、人文精神、道德规范，结合时代要求继承创新，让中华文化展现出永久魅力和时代风采。"做好古籍出版工作，把我国宝贵的文化遗产保护好、传承好、发展好，对赓续中华文脉、弘扬民族精神、增强国家文化软实力、建设社会主义文化强国具有重要意义。中华烹饪文化作为中华优秀传统文化的重要组成部分必须大力加以弘扬和发展。我社作为文化的传播者，坚决响应党和国家的号召，以传播中华烹饪传统文化为己任，高举起文化自信的大旗。因此，我社经过慎重研究，重新系统、全面地梳理中华烹饪古籍，将已经发现的 150 余种烹饪古籍分 40 册予以出版，即这套全新的"中华烹饪古籍经典藏书"。

此套丛书在前版基础上有所创新，版式设计、编排体例更便于各类读者阅读使用，除根据前版重新完善了标点、注释之外，补齐了白话翻译。对古籍中与烹饪文化关系不十分紧密或可作为另一专业研究的内容，例如制酒、饮茶、药方等进行了调整。由于年代久远，古籍中难免有一些不符合现代饮食科学的内容和包含有现行法律法规所保护的禁止食用的动植物等食材，为最大限度地保持古籍原貌，我们未做改动，希望读者在阅读过程中能够"取其精华、去其糟粕"，加以辨别、区分。

我国的烹饪技术，是一份至为珍贵的文化遗产。历代古籍中留下大量有关饮食、烹饪方面的著述，春秋战国以来，有名的食单、食谱、食经、食疗经方、饮食史录、饮食掌故等著述屡不绝书，散见于诗文之中的材料更是不胜枚举。由于编者水平所限，书中难免有错讹之处，欢迎大家批评指正，以便我们在今后的出版工作中加以修订和完善。

中国商业出版社

2022 年 8 月

本书简介

《养小录》为清代顾仲所编著。顾仲，浙江嘉兴人，字咸山，又字闲山，号松壑，又号中村。他对庄子的学说特别爱好，曾"著说庄千万言，剖从前之芒昧"，所以人称"顾庄子"。著有《历代画家姓氏韵编》《松壑诗》等。

本书共三卷，记载了饮料、调料、蔬菜、糕点等一百九十多种，内容丰富，制法简明。既讲究肴馔的实用性，又注意清洁卫生。在风味上，以浙江风味为主，兼及中原及北方的风味。可以说，在烹饪史上是较有影响的。

《养小录》原收《学海类编》。中华人民共和国成立之前，商务印书馆曾出过据《学海类编》本标点排印的本子。本书即是据商务本重新标点、注释和译文的。

本书注释稿曾经由金家瑞审校。

中国商业出版社

2022年6月

目 录

卷之中

卷之下

序

序

饮食以卫生①也。粗率无法，或致损人，诚失于讲求耳。苟讲求矣，专工滋味，不审利害，如吴人丁骘②，因食河豚死，而好味者必谓其中风，非因食鱼，可笑也。

穷极③口腹，反觉多累，如穆宁④，饱啖珍羞，而犹杖责其子，罪其迟供，尤可鄙也。

战国四公子，相尚好客⑤，而孟尝下客止食菜⑥，苟一往奢侈，何所穷极。

苏易简对太宗，谓物无定味，适口者珍。

夜饮吻燥，咀菹数根，以为仙味。东坡煮菜羹醒酒，以为味含上膏，气饱霜露，虽粱肉勿过。

---

① 卫生：这里是卫护生命的意思。

② 丁骘（zhì）：宋代武进人。

③ 穷极：这里是尽量的意思。

④ 穆宁：据李济翁《资暇录》记载，唐代的穆宁特别讲究饮食。他命令儿子们轮流"值日"，为他准备奇珍异味，"稍不如意，则杖之"。一次，他的儿子送上"熊白（熊脂）""鹿脩（鹿肉干）"，穆宁吃得很高兴。但忽然又说，有这样的美味为什么迟迟到今天才送上来？于是又把儿子打了一顿。

⑤ 战国四公子，相尚好客：战国时的四位公子，竞相崇尚好客。四公子，指齐国的孟尝君、魏国的信陵君、楚国的春申君、赵国的平原君。他们均好客，养了许多门客。

⑥ 而孟尝下客止食菜：而孟尝君的下等门客只让吃蔬菜。据《战国策·齐策四》，孟尝君接待门客分上、中、下三等，所居住的房舍分别叫代舍、幸舍、传舍。代舍之客食肉，幸舍之客食鱼，传舍之客食菜。

山谷①作《食时五观》，倪正父极叹其深切。此数公②者，岂未尝阅历滋味，而宝真示朴，以警侈欲，良有以也。且烹饪燔炙，毕聚辛酸，已失本然之味③矣。本然者淡也，淡则真④。

昔人⑤偶断⑥肴羞⑦食淡饭曰：今日方知其味⑧，向者⑨几为舌本⑩所瞒。然则日食万钱，犹曰无下箸处者，非不足也，亦非味劣也，汩没于五味⑪，而舌本已无主也。

齐世祖就侍中虞悰求诸饮食方，虞秘不出⑫，殆亦防人主之侈欲。及上醉，乃献醒酒鲭鲊一方，或亦寓讽谏之

---

① 山谷：指北宋著名诗人黄庭坚。他字鲁直，号山谷道人。他所作的《食时五观》是供"士君子"参考的论"饮食之教"的短文。因谈了五点意见，故叫"五观"。

② 数公：指孟尝君、苏易简、苏东坡、黄山谷等人。公，对人的尊称。

③ 本然之味：指菜肴原料本身所固有的天然味道。

④ 本然者淡也，淡则真：（食物）的本然之味是淡，淡就得到食品的"真"味了。真，真味。

⑤ 昔人：以前的人。

⑥ 偶断：偶然停掉。

⑦ 肴羞：肴馔。这里指精美的饭菜。

⑧ 其味：一本作"真味"。

⑨ 向者：以前。

⑩ 舌本：舌头。一本作"古本"，指古菜谱之类。

⑪ 汩（gǔ）没于五味：指人的正常味觉被五味掩盖。汩没，消灭之意。

⑫ 齐世祖就侍中虞悰求诸饮食方，虞秘不出：《南齐书·虞悰传》载："悰善为滋味，和齐皆有方法……世祖幸芳林园，就悰求扁米粣（cè），悰献粣及杂肴数十舆（yú），太官鼎味不及也。上就悰求诸饮食方，悰秘不肯出。上醉后体不快，悰乃献醒酒鲭鲊一方而已。"这里的"上"指齐武帝萧赜。

旨乎？

阅《食宪》①者，首戒宰割，勿多戕②物命，次戒奢费，勿暴殄天物。偶遇物品，按谱依法可耳，勿因谱试法以逞③欲。

以洁为务，以卫生为本，庶不失编是书者之意乎？且口腹之外，尚有事在，何至沉湎④于饮食中也。

谚云：三世作官，才晓着衣吃饭⑤。岂徒以侈富哉，谓其中节⑥合宜也。孔子"食不厌精，脍不厌细⑦"。不厌云尔，何所庸⑧心焉。

海宁⑨杨宫建题

【译】饮食是用来卫护人的生命的。粗率不讲法度，就有可能损害人的健康，这确实是由于不讲究（饮食）造成的。如果讲究饮食了，专门求滋味的佳美，不判别食物有

---

① 《食宪》：书名。为《养小录》之初名。据《清异录》，唐宰相段文昌曾自编《食经》五十卷，时称《邹平公食宪章》。《食宪》典即出此。

② 戕（qiāng）：杀害。

③ 逞：这里为发泄之意。

④ 沉湎：迷恋之意。

⑤ 三世作官，才晓着衣吃饭：三代连续做官的人家，才知道怎样穿衣、吃饭。《魏文帝昭》："三世长者知饮食。"又，《明道杂志》："钱穆尝言，三世仕官宦，方会着衣吃饭。故钱公每飨（xiǎng）客致馔，皆精要而不繁。"

⑥ 中节：含有适度之意。

⑦ 食不厌精，脍（kuài）不厌细：见《论语·乡党》。脍，切细的肉。

⑧ 庸：这里为"须"，用的意思。

⑨ 海宁：浙江省海宁市。

无利害关系，像吴地人丁鹭，因为吃河豚而死，而喜欢品味的人却偏说他是死于中风，不是吃河豚鱼的缘故，真是可笑啊。

无限制地满足口腹之欲，反而觉得多累赘，如穆宁，饱食珍美的肴馔，反而用棍棒打他的儿子，责怪他们不能及时供奉珍馐，这更是可鄙的啊。

战国时期的四位公子，争相好客。而孟尝君的下等门客不过只吃蔬菜。倘若一味奢侈，怎么能有尽头呢。

苏易简回答宋太宗，说食品没有固定的好味道，适合人们口味的就算得上佳美。

夜间饮酒饮得唇焦口燥，如果咀嚼几根泡菜，也会认为是仙味。苏东坡煮菜羹来解酒，认为菜羹含有西天酥陀的美味，饱藏着霜露的清新之气，就是粱、肉一类的精美饭菜也是比不上的。

黄庭坚作《食时五观》，倪正父对其中深切的含义极为赞叹。这几位先生，难道没有品尝过许多美味吗？而真正的宝玉反而以朴实的外形表现出来，（他们这样做）是用以警诫纵口腹之欲的，确实是有道理的呀。况且（食物原料）经过烹饪烧烤，辛酸全部聚集到一块儿了，早已失去了它的本味。本味这东西就是淡，淡就是真味。

从前有个人偶然停掉了佳肴美馔而吃淡饭时说：今日方才知道食物真味，以前几乎被自己的舌头欺骗了。然而，

（像何曾那样）一天伙食费花了一万钱，还说没有下筷子的地方，并不是不满足，也不是食品的味道差，而是（美味吃多了）五味的感觉消失了，舌头早已失去知觉了。

齐世祖曾经向侍中虞悰要饮食的方子，虞悰藏起来不肯献出，大概是防止皇上纵口腹之欲。等到皇上喝醉了酒，才献出"醒酒鲭鲊"这个方子，或许也暗含讽喻劝谏的意思吧？

阅读《食宪》的人，首先要戒宰杀，不能过多地伤害动物的生命，其次要戒奢侈浪费，不能暴殄天物。偶尔碰到好的食品原料，按着菜谱照着方法做就可以了，不要照着菜谱变换花样来放纵口欲。

以清洁作为追求的目标，以护卫生命作为根本，应该不会失去编这本书的作者的本意吧？况且人在口腹之欲以外，还有事情要做，又何必沉湎在饮食之道中呢。

谚语说：三代做官（的人家），才知道如何穿衣吃饭。这不仅仅是为了显示富有，而是说穿衣吃饭要注意适度，既不过分，也不寒酸。孔子曾说过"食不厌精，脍不厌细"。但"不厌"两个字不过说说罢了，他并没有在这方面花费许多心思啊！

海宁杨宫建题

《养小录》序

  尝读《诗》①至民之质矣②，日用饮食，曰"旨③哉"。饮食之道，所尚在质，无他奇谲④也。孟子曰："饮食之人，则人贱之⑤。"是饮食固不当讲求者。乃孔子大圣，食不厌精，脍不厌细。又曰："人莫不饮食也，鲜⑥能知味也。"大馈馈馁败⑦。色恶⑧臭恶⑨，失饪⑩之不食无论已⑪，至不得其酱不食⑫，何兢兢于味也。而孟子亦尝曰：口之于味，有同嗜焉。刍豢⑬之悦口，至比于理义之悦心，是饮食

---

① 《诗》：《诗经》。

② 民之质矣：人民生活安定的意思。

③ 旨：甘美的意思。

④ 谲（jué）：怪异，变化。

⑤ 饮食之人，则人贱之：见《孟子·告子章句上》。

⑥ 鲜（xiǎn）：少的意思。

⑦ 夫馈（yì）馈（ài）馁（něi）败：《论语·乡党》载："食馈而馈，鱼馁而肉败，不食。色恶，不食。臭恶，不食。失饪，不食。"馈，腐败，变味。馈，食物经久而变味。馁，鱼腐烂。败，肉腐烂。

⑧ 色恶：指肴馔颜色不好，变坏了。

⑨ 臭恶：气味不好。

⑩ 失饪：烹调不当。

⑪ 无论已：指不吃的这件事姑且不谈。

⑫ 至不得其酱不食：一直到得不到合适的酱不吃。《论语·乡党》："不得其酱不食。"酱，泛指调味品。

⑬ 刍豢（huàn）：草食曰刍，如牛、羊等；谷食为豢，如犬、豕等。

又非苟然者。其在于《诗》，一曰：曷^①饮食之，一曰：饮之食之^②，一曰：食之饮之^③。忠爱之心，悉寓于饮食。古人之视食饮綦^④重矣。至于味，则曰"或燔或炙^⑤"，曰"燔之炙之"，曰"炰之燔之^⑥"，曰"燔之炰之^⑦"，不曰"旨酒"，则曰"嘉肴"^⑧，不曰"维其嘉矣"，则曰"维其旨矣"^⑨，不曰"其肴维何"，则曰"其蔌维何"^⑩，不曰"有飶其香"，则曰"有椒其馨"^⑪，甚而田间馌饷，亦必尝其

---

① 曷（hé）：这里为何时的意思。

② 饮之食之：《诗·小雅·绵蛮》载："饮之食之，教之悔之。"

③ 食之饮之：《诗·大雅·公刘》载："食之饮之，君之宗之。"

④ 綦（qí）：极其。

⑤ 或燔（fán）或炙：《诗·大雅·行苇》载："醓（tǎn）醢（hǎi）以荐，或燔或炙。"燔，焚烧，这里指烤。

⑥ 炰（páo）之燔之：《诗·小雅·瓠叶》载："有兔斯首，炰之燔之。"炰，烹煮。

⑦ 燔之炰之：《诗·小雅·瓠叶》载："有兔斯首，燔之炰之。"

⑧ 不曰"旨酒"，则曰"嘉肴"：不说"旨酒"，就说"嘉肴"。《诗经》中这类例子很多。如《诗·小雅·车舝（xiá）》："虽无旨酒，式饮庶几。虽无佳肴，式食庶几。"又，《诗经·小雅·頍（kuǐ）弁》："尔酒既旨，尔肴既嘉。"《诗·小雅正月》："彼有旨酒，又有嘉肴。"旨酒，美酒。嘉肴，美馔。

⑨ "维其嘉矣""维其旨矣"：《诗·小雅·鱼丽》载："物其多矣，维其嘉矣。物其旨矣，维其偕矣。"疑后一句引文有误。

⑩ "其肴维何""其蔌（sù）维何"：《诗·大雅·韩奕》载："其肴维何？炰鳖鲜鱼。其蔌维何？维笋及蒲。"蔌，蔬菜的总称。

⑪ "有飶（bì）其香""有椒其馨（xīn）"：《诗·周颂·载芟（shān）》载："有飶其香，邦家之光。有椒其馨，胡考之宁。"飶，食物香味。《毛传》："飶，芬香也。"椒，花椒。馨，香气远闻。

旨否①，古人之于味，重致意矣。《周礼》②《内则》③，备载食齐、羹齐、酱齐、饮齐④，曰和⑤曰调⑥曰膳（煎也）⑦，各以四时配五味、五谷及诸腥膏；酒正以法式授酒材，辨五齐⑧、四饮⑨；笾人掌笾实⑩，曰形盐⑪、胹⑫（炸生鱼）、

① 甚而田间馌（yè）饷，亦必尝其旨否：《诗·小雅·甫田》载："曾孙来止，以其妇子，馌彼南亩（垄埂南北向的田地），田畯（jùn，贵族统治者派到乡下的农官）至喜。攘其左右，尝其旨否？"馌，给在田间耕作的人送饭。饷，用食物款待。

② 《周礼》：儒家经典之一。搜集周王室官制和战国时代各国制度，添附儒家政治理想，增减排比而成的汇编。

③ 《内则》：《礼记》篇名。杂记古代贵族妇女侍奉父母、舅姑的礼节，也兼及贵族家庭中子弟侍奉长上的礼节。

④ 齐（jì）：调味品。《礼记·少仪》："凡齐，执之以右，居之以左。"郑玄注："齐，谓食、羹、酱饮有和者也。"又，《周礼·天官》："膳夫掌王之食饮膳羞以养王及后世子。凡王之馈食用六谷，膳用六牲，饮用六清，羞用百有二十品，珍用八物，酱用百有二十瓮。"类似记载，在《周礼》《礼记》中还有不少。

⑤ 和：指调和味道。

⑥ 调：也有调味的意思，但在周代"调"与"和"是有区别的。"调"是"和"之后的一道工序，要在菜肴中加上"滑、甘"一类的东西。《周礼·天官》："凡和，春多酸，夏多苦，秋多辛，冬多咸。调以滑、甘。"旧说，甘为五味之首，总调其余四味。滑的功用是"通利往来"，也能调和其他四味。又，据《礼记·内则》，甘往往用"枣、栗、饴、蜜"之类。滑往往用植物的淀粉及米粉之类。孙治让正义："谓以米粉和菜为滑也。"故滑也起到今天所说的"勾芡"的作用。

⑦ 膳（煎也）：一般指饭食，这里的"煎"是指烹调方法。

⑧ 五齐：古代按酒的清浊，分为五等，叫"五齐"。《周礼·天官·酒正》："辨五齐之名：一曰泛齐，二曰醴（lǐ）齐，三曰盎齐，四曰缇（tí）齐，五曰沈齐。"

⑨ 四饮：指清、医、浆、酏（yǐ）这四种饮料。

⑩ 笾（biān）人掌笾实：《礼记·天官·笾人》载："掌四之笾实。"笾，古代祭祀和宴会时盛果脯之类的竹器，形如木制的豆。笾人，掌管笾的官员。

⑪ 形盐：虎形盐块。

⑫ 胹（hū）：古代祭祀用的大块鱼肉。

鲍（大脔）[①]、鱼鳙（以鱼于煏室中糗干之）[②]、实脯[③]（果及果脯）、糗[④]（熬大米为粉）、饵[⑤]（合蒸为饼）、粉[⑥]（豆屑也）、糍[⑦]（饼之曰糍）；醢人掌豆实[⑧]，曰醯[⑨]（肉汁）、醢（肉酱）、臡[⑩]（音“泥”，无骨曰醢，有骨曰臡）、菹[⑪]（腌菜）、酏食[⑫]（以酒酏为饼）、糁[⑬]糍 （肉味合饼，煎之），诚详哉其言之也。

余谓饮食之道，关乎性命，治之之要，惟洁惟宜。宜

① 鲍（大脔）：指鲍鱼干，是在室中糗干而成。括号中“大脔”的说明可能是顾仲的误记。在《周礼》的注中，大脔指的是“朊”。

② 鳙（sù）（以鱼于煏室中糗干之）：干鱼。括号中顾仲的原注可能错了。《周礼》中郑玄在“煏”后面的说明是“析干之”。

③ 实脯：指的是笾人掌管的“馈食之笾”及“加笾”中的物品。据《周礼·天官》，“馈食之笾”中装的是枣、栗、干梅、榛等。“加笾”中装的是菱、芡（鸡头）、栗、脯等。

④ 糗（qiǔ）：为“羞笾”所盛之物。据郑司农云：“糗，熬大豆与米粉也。”

⑤ 饵：“羞笾”所盛之物。据郑玄注，饵是由稻米、黍米粉“合蒸”而成的。

⑥ 粉：据郑司农云：“粉，豆屑也。”

⑦ 糍：用稻米、黍米粉加豆屑做成的饼子。

⑧ 醢人掌豆实：掌管制作肉酱的官员。醢，肉酱。豆，古代食器，形似高足盘，有的有盖，用以盛食物。《周礼·天官》：“醢人掌四豆之实。”

⑨ 醯（xī）：为“醓”之误。醓，肉酱的汁。

⑩ 臡（ní）：带骨头的酱肉。

⑪ 菹（zū）：这里为酢菜、腌菜。

⑫ 酏食：据郑司农云，为用酒酏做的饼。酏，酿酒所用的薄粥。

⑬ 糁：《礼记·内则》载：“糁，取牛、羊、豕之肉，三如一，小切之。与稻米。稻米二，肉一，合之为饵，煎之。”可见，糁是取等量的牛、羊、猪肉丁一份，加两份的稻米粉调和后煎成的饼子。

者，五味得宜，生熟合节，难以备陈。至于洁乃大纲矣。《诗》曰："谁能烹鱼？溉①之釜鬵②。"能者，具有能事克宜也。能事具矣，而器不洁，恶乎宜。故愿为之洁器者，诚重其能事也。器必洁，斯烹之洁可知，正副其能事也。夫禽、兽、虫、鱼，本腥秽也，洁之非独味美且益人。水、米、蔬、果，本洁也，卤莽焉则不堪。由斯以谈，酒非和旨，肴非嘉旨，奚以式燕且喜，式燕且誉为。

然则孟子所称饮食之人，即孔子所称饱食终日无所用心之人，故贱之，而非为饮食言也。且夫饮食之人，大约有三。一曰铺啜③之人，秉量甚宏，多多益善，不择精粗。一曰滋味之人，求工烹饪，博及珍奇，又兼好名，不惜多费，损人益人，或不暇计。一曰养生之人，务洁清，务熟食，务调和，不侈费，不尚奇，食品本多，忌品不少，有条有节，有益无损，遵生颐养，以和于身。日用饮食，斯为尚矣。

余家世耕读，无鼎烹④之奉。然自祖父以来，蔬食菜羹，必洁且熟。又自出就外傅⑤，谨守色恶、臭恶之语，遂

---

① 溉：洗涤的意思。

② 鬵（xín）：釜类的烹器。

③ 铺（bū）啜（chuò）：吃喝。

④ 鼎烹：原指列鼎而食，这里比喻生活奢侈。

⑤ 外傅：古代称管教导学生的师傅，对管教养的"内傅"而言。

成痼癖①。《管子》曰："呰②食者不肥体。"余真其食者，宜为山泽臞③也。

尝著《饮食中庸论》，及臆定饮食各条，草藁未竟。浪游十余载，传食④于公卿⑤。所遇或丰而不洁，惜其暴殄天物⑥也，洁而不极丰，意念良安耳，极丰且洁，则私计曰，是不当稍稍惜福耶！岁戊寅⑦游中州⑧，客宝丰馆舍。地僻无物产，官庖人朴且拙。余每每呰食，诚恐不洁与熟，非不安澹泊⑨也。适广文杨君子健，河内⑩名族⑪也，有先世所辑《食宪》一书。余乃因千总杨明府，得以借录。其间杂乱者重订，重复者从删，讹者改正，集古旁引，无预《食经》者置弗录。录其十之五，而增以己所见闻十之三。因易其名曰《养小录》。并述夙昔臆见以为序。序成，反复自忖，诚饮食之人也。

---

① 痼（gù）癖（pǐ）：难以改变的积习和嗜好。

② 呰（zǐ）：应为"訾"，为嫌食，不爱吃的意思。

③ 山泽臞（qú）：山泽中的瘦人。臞，瘦的意思。

④ 传食：辗转受人供养。

⑤ 公卿：泛指朝廷中的高级官员。

⑥ 暴殄（tiǎn）天物：任意糟蹋东西。殄，尽，绝。

⑦ 戊寅：康熙三十七年。

⑧ 中州：古地区名。指今河南一带，因其地在古九州之中得名。

⑨ 澹（dàn）泊（bó）：恬淡寡欲的意思。

⑩ 河内：河南黄河以北地区为河内。

⑪ 名族：名门望族。

浙西饕士①中村②顾仲漫识

【译】我曾经读《诗经》读到人民无不安定的句子，日常的饮食，也说"味道好啊"。饮食的规律，所崇尚的在于质朴，不在于搞得稀奇古怪，变化多端。孟子说："一味追求吃喝的人，大家都会轻视他。"从这句话来看，饮食本来是不必孜孜讲求的。然而孔子这个大圣人，却"食不厌精，脍不厌细"。孟子又说："人没有不饮食的，但很少有知道味道的。"诸如粮食陈腐变味、鱼肉不新鲜、食物颜色变坏、气味不好以及烹调不得法等，都不肯吃，这姑且不谈，甚至得不到合适的酱不吃，对于味道是何等小心谨慎的追求呀。而孟子也曾经说过：人们的口，对于味道，有着相同的嗜好（要求味道好）。用猪、狗、牛、羊之肉合乎人们的口味比作理义的让人心里高兴，这就又说明饮食是不能马虎对待的了。饮食在《诗经》中的反映，一如"曷饮食之"，一如"饮之食之"，一如"食之饮之"。忠爱的心意，全都寄托在饮食之中了。可见古人把饮食看得是极其重要的了。至于味道，就说"或燔或炙"，说"燔之炙之"，说"炰之燔之"，说"燔之炰之"，不说"旨酒"，则说"嘉肴"，不说"维其嘉矣"，则说"维其旨矣"，不说"其肴维何"，则说"其蔌维何"，不说"有飶其香"，则说"有椒其馨"，甚至农夫的家属到田间送饭，

---

① 饕（tāo）士：喜好美食的人。

② 中村：顾仲的号。

农官也要尝一尝饭菜的味道好不好。古人对于味，真是特别留心了。《周礼》《礼记·内则》中，详细记载了配好调味品的饭食、羹、酱、饮料，（采用的烹饪方法）有叫"和"的，有叫"调"的，有叫"膳"的，都注意了四季和五味、五谷以及各种动物油脂的配合。酒官按做酒之法发给生产人员以酿酒的器材，制作"五齐""四饮"。掌管笾的官员负责安排"笾"中的食品，（各种类型的笾中）放有做成虎形的盐，大块鱼，鲍鱼干，海鱼干，果脯，米粉，稻米、黍米合蒸成的饼，豆粉、稻米、黍米粉加豆粉做成的饼。掌管肉酱的官员负责安排"豆"中的食品，（各种类型的豆中）放有肉酱的汁、肉酱、肉骨头酱、腌菜、酒酏做的饼、油煎肉饼。的确，所谈的食品是很详尽的了。

我认为饮食之道，关系到人的性命。掌握它的关键，只在于"洁"和"宜"。所谓"宜"，就是指四味调和要适宜，生熟要合乎规律，这是难以一一加以陈述的。至于"洁"，就是饮食之道的总纲了。《诗经》中有一句诗说："谁能够烧鱼？（如果有）我愿意帮他把锅洗干净。"所谓"能"，是指具有操作的能力，并且能做到前面所说的"宜"。能事具备了，而器皿不清洁，怎么能做到"宜"呢？所以肯为具备操作能力的人洗涤器皿的人，才真是重视他的技能的呀。器皿必须清洁，那烹制出来的菜肴的清洁就可想而知了，这正是符合他的技能的哟。飞禽、走兽、虫、鱼之类，本来是既腥又膻的。

但如果处理干净了，不仅味道美，而且对人体有益。水、米、蔬菜、水果，原来就是很清洁的，但如果马虎了事对待它们，就可能会造成不能忍受的后果。从这点来说，酒如果不是好味道的，菜肴如果不是佳美的，怎么能做到（使宾客们）"式燕且喜，式燕且誉"呢？

然而孟子所说的"饮食之人"，就是孔子所说的"饱食终日，无所用心"的人，所以才轻视他，并不是就饮食本身而论的。何况讲究饮食的人，大约有三种类型，一种叫作"饴餟之人"，他们的食量很大，多多益善，对食物的精美、粗糙不加选择；一种叫"滋味之人"，他们要求烹调精细，广泛地追求奇珍异味，又好虚名，不惜多耗费钱财，至于食品对人体是有益还是有害，他们是不加以考虑的；一种叫"养生之人"，他们专门讲求食品洁净、清爽，讲求吃熟食，讲求调和得宜，不奢侈浪费，不崇尚奇珍。食品本来有很多，但其中忌品不少，只要做到有条理和有节制，就会对人有益无害，只要遵循养生之道好好保养，就会对身体有益。平常的饮食，能做到这样就值得推崇了。

我的家中世代耕读，没有享受过奢侈的生活。然而自祖父以来，即使吃蔬食、菜羹之类，也一定要做得清洁并且烧熟。以后自从我出去当教师起，更谨遵守孔子所说的食品变色、变味不吃的话，终于成了难以改变的习惯。《管子》一书中说："吃饭挑挑拣拣的人是胖不起来的。"我正是这种人，真是只能做山泽中的瘦人了。

我曾经写过《饮食中庸论》，并主观地制定了饮食的一些注意事项，但是仅打了草稿，没有写完。后来，我在外面漫游了十多年，常在一些做官的人家中吃饭。我所碰到的肴馔有的丰盛而不清洁，我对这种任意糟蹋物品的人感到很惋惜；所碰到的肴馔很干净但不丰盛，我的心里倒感到很安稳；所碰到的菜肴极其丰盛而清洁，我就私下认为，像这样做，难道不应当稍微注意节约一点吗！康熙三十七年（公元1698年）我游历河南，居住在宝丰馆舍中。这个地方比较偏僻、物产不多，官府中的厨师手艺笨拙。我总是挑挑拣拣地吃，确实是因为怕菜肴做得不清洁、不熟，并不是不安于恬淡寡欲。适逢一位叫杨广文（字子健）的人，家里是河南名门望族，有前代所辑录的《食宪》一书。我因为千总杨明府的关系，得以借阅并抄了下来。其中杂乱的部分重新订正；重复的部分加以删削；讹传的部分予以改正；汇集古代资料，旁征博引的部分，如果与《食经》无关的，则一概弃而不用。这样总共采用了《食宪》约二分之一的内容，并增加了十分之三的我自己所见所闻的材料。因此，将这本书改名为《养小录》。并叙述自己历来就有的关于饮食的主观看法作为序言。序言写成后，对自己反复思量一番，觉得自己真是孟子所说的"饮食之人"啊。

浙西饕士中村顾仲漫识

卷之上

饮之属①

论水

人非饮食不生②，自当以水谷③为主。肴与蔬但佐之④可少可更⑤。惟水谷不可不精洁。

天一生水⑥，人之先天，只是一点水。凡父母资禀⑦清明⑧，嗜欲恬淡者⑨，生子必聪明寿考⑩。此先天之故也。《周礼》云：饮以养阳，食以养阴⑪。水属阴故滋阳；谷属

---

① 饮之属：饮料类。属，这里作"类"解。

② 生：活。

③ 水谷：水和粮食。

④ 肴与蔬但佐之：肉类和蔬菜只能辅助主食（水谷）。但，只。佐，辅助之意。

⑤ 可少可更：（指肴与蔬）可以缺少也可以更换。

⑥ 天一生水：《周易·系辞》载："天一，地二，天三，地四，天五，地六，天七，地八，天九，地十。"天阳地阴，奇数阳，偶数阴，所以天都是奇数，地都是偶数。阳生阴，水属阴，所以一生水；阴生阳，火属阳，所以二生火；三四五又是阴阳错杂，生木生金生土又有不同。这是古代阴阳五行学说的内容之一。

⑦ 资禀：指人的天资、禀赋。

⑧ 清明：指人的神志思虑清晰明朗。

⑨ 嗜欲恬（tián）淡者：对各种嗜好和欲望看得很淡的人。嗜欲，泛指各种嗜好和欲望。恬淡，原指清静而无所作为。后亦称不热衷于名利为"恬淡"。

⑩ 寿考：高寿之意。

⑪ 饮以养阳，食以养阴：饮是用来养人阳分的，食是用来养人阴分的。这里的"阳""阴"均是祖国医学中的概念。

阳故滋阴①。以后天滋先天，可不务精洁乎？故凡污水、浊水、池塘死水、雷霆霹雳时所下雨水、冰雪水（雪水亦有用处，但要相制耳）俱能伤人，切不可饮②。

【译】人没有饮料和食品不能生存，食用自当以水和粮食为主，鱼肉和菜蔬只是辅佐而已，可以少些也可以更换。而只有水和粮食不可不精不洁。

天一生水，人在生前只是一点水。凡是父母天资、禀赋极好，嗜好欲念又很平淡的，所生的孩子必然聪明长寿。这是先天的原因。《周礼》说：饮可以养阳，食可以养阴。水属于阴，所以滋润阳；谷属于阳，所以滋润阴。以后天滋润先天，可以不求精洁吗？所以凡是污水、浊水、池塘死水、打雷时下的雨水、冰雪水（雪水也有用处，但要有所控制而已）都能伤害人，不能饮用。

取水藏水法

不必江湖也。但就长流通港内，于半夜后舟楫③未行时，泛舟至中流，多带罐瓮取水归。多备大缸贮下。以青竹棍左旋搅百余，急旋成窝，急住手。箬篷盖④盖好，勿触

---

① 水属阴故滋阳；谷属阳故滋阴：这是据"五行"学说而言的。滋，滋养之意。

② "故凡污水"句：这句中的个别提法不确切，雷雨水、冰雪水还是比较洁净，可以饮用的。

③ 舟楫（jí）：小船。楫，船桨。

④ 箬（ruò）篷盖：用竹笋外皮做的篷盖。箬，笋皮。篷，遮蔽风雨和阳光的设备。

动。先时^①留一空缸。三日后用木勺于缸中心轻轻舀水入空缸内。原缸内水，取至七八分即止。其周围白滓^②及底下泥滓，连水洗去净。将别缸水，如前法舀过。又用竹棍搅盖好。三日后又舀过去泥滓，如此三遍。预备洁净灶锅（专用煮水，用旧者妙），入水煮滚透。舀取入罐。每罐先入上白糖霜^③三钱于内，入水盖好。一二月后取供煎茶，与泉水莫辨^④。愈宿愈好^⑤。

【译】不一定是江湖，只要是长远的水流经港湾，在半夜之后舟船不行驶的时候，用小船划到河中间，多带些坛瓷之类取水回来，用青竹棍向左侧搅动一百多次，水旋转成涡了就停手，用箬笠盖子盖好，不再触动。预先留一个空缸。三天后用洁净的木勺在缸中心把水轻轻舀进空缸里，舀到七八分就停止。缸里周围的白渣滓连水一并淘洗，把缸清洗干净。然后将别的缸里的水如前法舀入。逐个缸搬运完了，再用竹棍向左侧搅动，盖好。三天后再舀水，去掉剩下的泥滓，这样做三遍。预备洁净的灶锅（专用的日常煮水的旧锅为妙），加进水煮到滚开透彻，舀出入坛。每个坛加入三钱白糖，然后加水，盖好。放置一两个月后取来泡茶。用此水

---

① 先时：预先的意思。

② 白滓（zǐ）：指缸内壁上的一圈白色的脏斑。滓，沉在水底的渣。

③ 白糖霜：白糖。古代亦指冰糖。

④ 与泉水莫辨：和泉水相比分不出两样来。莫辨，不能分辨。

⑤ 愈宿愈好：隔得时间越长越好。宿，这里为隔时之意。

泡茶同泉水相比分不出两样来。放置的时间越长越好。

青果汤

　　橄榄^①三四枚，木槌^②击破（刀切则黑锈^③作腥，故必用木器）。入小沙壶，注^④滚水盖好，停顷^⑤斟饮。

　　【译】取三四枚橄榄，用木槌敲破（用刀切橄榄就会有黑斑、有异味，因此要用木器）。放入小沙壶，灌入滚开的水盖好，一会儿就可以喝了。

暗香汤^⑥

　　腊月早梅，清晨摘半开花朵，连蒂入瓷瓶。每一两用炒盐一两洒入，勿用手抄，坏箬叶、厚纸蜜封^⑦。入夏取开，先置蜜少许于盏内，加花三四朵，滚水注入，花开如生^⑧。

① 橄榄：橄榄树的果实，尖长，皮色青，通称青果，味涩而清香。

② 木槌（chuí）：木质棒槌。

③ 锈：指剖面上出现的斑。

④ 注：灌。

⑤ 停顷：停一会儿。顷，极短时间。

⑥ 暗香汤：宋林逋《梅花》诗中有"疏影横斜水清浅，暗香浮动月黄昏"之句。故这里称用梅花做的汤为"暗香汤"。

⑦ 封：封口。指用蜜、厚纸、坏箬叶一层层将盛梅花的瓷瓶口封好。

⑧ 生：新鲜之意。

充茶①，香甚可爱。

【译】腊月早开的梅花，清晨摘半开的花朵，连蒂把儿放进瓷瓶。每一两梅花撒入一两炒盐，不要用手抄，用坏箬叶、厚纸、蜜一层层将盛梅花的瓷瓶口封好。到了夏天打开，先放入少许蜜于杯内，加三四朵梅花，倒入滚开的水，花就开放得像新摘的一样。当茶饮用，很香很可爱。

茉莉汤

厚白蜜涂碗中心，不令旁挂②。每早晚摘茉莉置别碗，将蜜碗盖上。午间取碗注汤③，香甚。

【译】将厚白蜜抹到碗的中心，不要让碗边沾上白蜜。每天早晚摘茉莉花放到别的碗里，用抹蜜的碗盖上，午间取出碗倒入开水，非常香。

① 充茶：当茶用。

② 旁挂：指不能把蜜涂到碗边上。

③ 汤：热水。

柏叶汤 ①

采嫩柏叶，线缚悬大瓮②中，用纸糊③，经月取用。如未甚干，更闭之，至干取为末④，藏锡瓶。点汤翠而香。夜话饮之，几仙人矣。尤醒酒益人。

【译】采嫩的柏叶，用线捆住挂在大坛里，用纸把大坛口糊好，一个月后取出来用。如果不太干的话就再封好，到干了以后再取出研成末，藏到锡瓶里。用的时候倒入开水，又绿又香。在夜晚聊天时饮用，像仙人一样。特别醒酒、有益于人。

桂花汤

桂花焙干⑤四两，干姜、甘草各少许，入盐少许，共为末，和匀收贮，勿出气。白汤点。

【译】焙干的桂花四两，干姜、甘草各少许，放盐少许，一并研成末，和匀，收藏密封好，不要透气。用白开水冲着喝。

---

① 柏叶汤：侧柏叶做的汤。

② 瓮（wèng）：盛酒或水的一种陶器。

③ 纸糊：用纸将瓮口糊起来。

④ 取为末：将干的柏叶捣成碎末。取，从坛中取柏叶。

⑤ 焙（bèi）干：烘干。

论酒

　　酒以陈者为上①，愈陈愈妙。暴酒②切不可饮，饮必伤人。此为第一义。酒戒酸、戒浊、戒生、戒狠暴、戒冷，务清、务洁、务中和之气③。或谓余论酒太严矣。然则当以何者为至④？曰：不苦、不甜、不咸、不酸、不辣，是⑤为真正好酒。又问何以不言戒淡也？曰：淡则非酒，不在戒例。又问何以不言戒甜也？曰：昔人有云，清冽为上，苦次之，酸次之，臭又次之，甜斯下矣。夫酸臭岂可饮哉，而甜又在下，不必列戒例。又曰：必取五味无一可名者饮⑥，是酒之难也。尔其不饮耶⑦？余曰：酒虽不可多饮，又安能不饮也。或曰：然则饮何酒？余曰：饮陈酒，盖⑧苦、甜、咸、酸、辣者必不能陈⑨也。如能陈即变而为好酒矣。是故陈之

---

① 上：上品，指质量较高。

② 暴酒：仓促酿出的酒，非指猛酒。

③ 中和之气：道教指中气、和气，合称中和之气。

④ 何者为至：什么样的（酒）是最好的。至，为极、最的意思。

⑤ 是：这。指代"不苦，不甜，不咸，不酸，不辣"这几种情况。

⑥ 必取五味无一可名者饮：一定要取五味当中任何一种味道都称不上的酒饮用。即要求酒不能苦、甜、咸、酸、辣。

⑦ 尔其不饮耶：你大概不喝酒了吧？尔，你。其，这里表示一种委婉的推断语气。耶，表疑问的助词，相当于"吗""吧"。

⑧ 盖：连词，无具体意义。

⑨ 陈：久放。

一字，可以作酒之姓矣。或笑曰：敢问酒之大名尊号。余亦笑曰：酒姓陈，名久，号宿落。

【译】酒以时间久的为上品，越陈越好。仓促酿出的酒千万不能饮，饮后一定会伤人。这是第一要义。酒要戒酸、戒浊、戒生、戒狠暴、戒冷，一定要清澈、干净、有中和之气。或许有人说我论酒说得太严重了。然而什么样的酒是最好的呢？应该是不苦，不甜，不咸，不酸，不辣，这样的酒才是真正的好酒。又问：怎么没有说不淡呢？答：淡的不是酒，不在戒的范围内。又问：怎么没有说不甜呢？答：古人有云，清冽为第一，苦为第二，酸为第三，臭为第四，甜为次品。然而酸、臭的酒都可以喝，而甜的酒排在之后，就没有必要在戒的范围内了。又问：一定要取五味当中任何一种味道都称不上的酒来饮用，这有点难处，你大概不喝酒了吧？我答：酒虽然不可以多饮，但又不能不饮。又问：那么喝什么酒呢？我答：喝陈酒，苦、甜、咸、酸、辣的酒肯定不是陈酒。如果能时间长立即就变为好酒。因此，"陈"这一字，可以作为酒的姓了。如果有人笑着问：敢问酒的尊姓大名，我则笑答：酒姓陈，名久，号宿落。

诸花露^①

仿烧酒锡甑、木桶减小样^②，制一具，蒸诸香露。凡诸花及诸叶香者，俱可蒸露。入汤代茶，种种益人；入酒增味，调汁制饵^③，无所不宜。

稻叶、桔叶、桂叶、紫苏、薄荷、藿香、广皮、香橼皮、佛手柑、玫瑰、茉莉、桔花、香橼花、野蔷薇（此花第一^④）、木香花、甘菊、菊叶、松毛、柏叶、桂花、梅花、金银花、缫丝花^⑤、牡丹花、芍药花、玉兰花、夜合花、栀子花、山矾花、蜡梅花、蚕豆花、艾叶、菖蒲、玉簪花。惟兰花、橄榄二种，蒸露不上^⑥，以质嫩，入甑即酥也^⑦。

【译】仿制制作烧酒用的锡罐、木桶，缩小一些体积，制作这一器具，可以蒸各种香露。各种花及叶香的，都可以蒸露。加入开水代替茶，都对人有益；入酒可以增味，调和

---

① 诸花露：各种花露。花露，用花蒸馏所得的饮料，多作药用。

② 仿烧酒锡甑（zèng）、木桶减小样：仿制制作烧酒用的锡罐、木桶，缩小一些体积。甑，一种蒸器。

③ 调汁制饵：调和汁水，制作糕饼。饵，糕饼之类。

④ 此花第一：指用野蔷薇制的花露最佳。

⑤ 缫（sāo）丝花：也叫作刺梨、刺梨子、木梨子、刺槟榔根、单瓣缫丝花。可供食用及药用，生食或制蜜饯、酿酒，药用能解暑消食，还可作为熬糖酿酒的原料。根皮、茎皮含鞣质，提制栲胶，根药用，能消食健脾、收敛止泻；叶泡茶，能解热降暑；种子可榨油。

⑥ 蒸露不上：指兰花、橄榄花露蒸不出来，亦即不适宜蒸露之意。

⑦ 入甑即酥也：放到甑里就烂了。酥，这里为烂之意。

汁水，制作糕饼，没有不适宜的。

　　稻叶、橘叶、桂叶、紫苏、薄荷、藿香、广皮、香橼皮、佛手柑、玫瑰、茉莉、橘花、香橼花、野蔷薇（此花第一）、木香花、甘菊、菊叶、松毛、柏叶、桂花、梅花、金银花、缫丝花、牡丹花、芍药花、玉兰花、夜合花、栀子花、山矾花、蜡梅花、蚕豆花、艾叶、菖蒲、玉簪花（这些花都可以蒸花露）。只有兰花、橄榄花这两种，花露蒸不出来，因为质嫩，放到罐里就烂了。

酪

杏酪[1]

甜杏仁以热水泡，炉灰一撮入水。候冷即捏去皮，清水漂净。再量入清水，如磨豆腐法，带水磨碎。用绢袋榨汁去渣，以汁入锅煮。熟时入蒸粉少许，加白糖霜热啖[2]。麻酪亦如此法[3]。

【译】甜杏仁用热水泡，往水里加一撮炉灰，等放冷了就捏去皮，在清水里漂净。再酌量加进清水，像磨豆腐一样，带着水磨碎。用绢袋榨出汁并去掉渣，把汁放到锅里煮。煮熟的时候加入少许蒸粉，趁热加白糖吃。制作麻酪也用这个方法。

乳酪

牛乳一碗（或羊乳），搀入水半钟[4]，入白面三撮，滤过下锅，微火熬之。待滚，下白糖霜，然后用紧火，将木杓

① 杏酪：用杏仁制作的酪状食品。

② 热啖：趁热吃。

③ 麻酪亦如此法：制"麻酪"的方法也和这个方法（指制杏酪法）一样。

④ 钟：这里指酒器。

打一会。熟了，再滤入碗吃嗄①。

【译】牛奶一碗（或羊奶），掺入半盅水，放三撮白面，过滤后下锅，用微火熬。等水滚开后，加入白糖，然后一边用急火一边用木勺搅匀。一会儿熟了，再过滤到碗里吃。

牛乳去羶②法

黄牛乳入锅，加二分水。锅上加低浅蒸笼，去③乳二寸许。将核桃斤许，逐一击裂，勿令脱开④，匀排笼内，盖好密封。文武火煮熟。其羶味俱收桃内（桃不堪食，剥净，盐、酒拌炒可食）。或加白糖嗷，或入鸡子煮食。

烧羊、牛肉，亦取胡桃三四枚放入，大去羶。

【译】黄牛乳入锅，加入两份的水。锅上加低浅的蒸笼，要距离牛乳两寸左右。将一斤左右的核桃，逐一敲裂，不用弄破碎，均匀地排列在蒸笼内，盖好盖子密封。用文武火煮熟。其膻味全部进入到核桃内（核桃仁不能吃，如果剥净，用盐、酒拌炒后可以吃）。可以加入白糖吃，也可以加入鸡蛋煮着吃。

烧羊、牛肉的时候，也可以放入三四枚胡桃，非常去膻气。

① 嗄（á）：原指惊讶声或嘶哑之意。这里为语气词，无实际意义。

② 羶（shān）：同"膻"，原指羊的膻气。这里引申为类似羊膻气的恶臭。

③ 去：距离。

④ 脱开：散开、破碎的意思。

酱之属

甜酱

伏天①取小麦淘净，入滚水锅，即时捞出。陆续入即捞②，勿欠滚。捞毕沥干水，入大竹箩内，用黄蒿盖上。三日后取出晒干。至来年③二月再晒。去膜播净④，磨成细面。罗过⑤入缸内。量入盐水⑥。夏布⑦盖面，日晒成酱，味甜。

【译】伏天的时候取小麦淘洗干净，倒入开水锅，即刻捞出。将小麦陆续入锅并即刻捞出来，不要欠火。捞出来即沥干水分，放入大竹箩内，用黄蒿盖上。三天后取出晒干。直到来年的二月份再晒。去掉膜并扬干净，磨成细面。用细筛子筛过放入缸内。按面的数量放入适当的盐水，用夏布将面盖住，在阳光下晒至成酱，口味甜。

---

① 伏天：夏至以后第三个庚日起的三十天为"伏天"，也叫"伏日"。分初伏（头伏）、中伏（二伏）、末伏（三伏）。从入伏到出伏约相当于阳历七月中旬到八月下旬，正是我国夏季最热的时期。

② 陆续入即捞：指将小麦陆续入锅并即刻捞出来。

③ 来年：明年。

④ 播净：扬干净。播，通"簸"，这里为扬的意思。

⑤ 罗过：用细筛子筛过。罗，指一种细密的筛子。如"丝罗""铜丝罗"。

⑥ 量入盐水：按面的数量放入适当的盐水。

⑦ 夏布：用苎麻以手工纺织而成的平纹布，是我国的特产。

（甜酱）又方[1]

二月以白面百斤，蒸成大卷子。劈作大块，装蒲包内，按实盛箱，发黄[2]。七日取出。不论干湿，每黄一斤，盐四两。将盐入滚水化开，澄去泥滓，入缸下黄。候将熟，用竹格细搅过，勿留块。

【译】在二月的时候用一百斤白面，蒸成大卷子。劈成大块，装在蒲包内，按实并盛箱，使面卷块上生出黄衣。七天后取出。不论干湿，每一斤黄，加四两盐。先将盐放入滚水化开，澄去泥滓，再倒入缸中并下黄。等到快熟的时候，用竹格细细翻搅，不要留下酱块。

（甜酱）又[3]（方）

白豆炒黄磨细粉，对[4]面水和成剂，入汤煮熟，切作糕

---

① 又方：指做"甜酱"的又一个方子。

② 发黄：使面卷块上生出黄衣。黄衣，起黄毛的一种醉，是霉类的菌丝体和孢子囊混合物。

③ 又：指做"甜酱"的又一个方子。

④ 对：同"兑"，掺入的意思。

片。盦成黄子①槌碎，同盐瓜、盐卤层迭入瓮。泥头。历十月成酱，极甜。

【译】白豆炒黄，磨成细粉，掺入面，加水和成剂子，入汤中煮熟，切成糕片。罨成黄子后捣碎，与盐瓜、盐卤一层一层地码入瓮中。用泥封住缸口。经过十个月，酱就做好了，口味很甜。

仙酱方

蒸桃叶，盖七日，阴七日。每斤盐二两，自化，至妙。

【译】将嫩桃叶蒸熟之后，先盖上闷七天，再拿到避光处阴七天，每斤桃叶加入二两盐，桃叶化成水，直到做好。

一料酱方

上好陈酱（五斤）、芝麻（二升，炒）、姜丝（五两）、杏仁（二两）、砂仁（二两）、陈皮（三两）、椒末（一两）、糖（四两）。熬好菜油，炒干入篓②。暑月行千

---

① 盦（ān）成黄子：罨（yǎn）黄。古代制酱，将原料做成饼等形状，盖上东西。在适当的温度、湿度下，使曲菌（一种丝状菌）在饼上繁殖。曲菌孢子在几天之内发芽、生长菌丝，接着菌丝又生育孢子。因为孢子是黄绿色，所以饼上就布满了黄绿色。这个工作，古时名叫"罨黄"，又叫"上黄"。已经罨黄的半制品，古时叫"黄蒸"，现在叫"酱黄"。

② 炒干入篓：将上述各种原料炒干后装入篓中。篓，盛东西的竹器。

里不坏。

【译】五斤上好的陈酱、两升炒芝麻、五两姜丝、二两杏仁、二两砂仁、三两陈皮、一两花椒末、四两糖。将上述各种原料用熬好的菜油炒干后装入篓中。夏天的时候行走千里也不会坏。

糯米酱方

糯米一小斗，如常法作成酒带槽[①]。入炒盐一斤、淡豆豉半升、花椒三两、胡椒五钱、大茴[②]二两、小茴二两、干姜二两。以上和匀磨细，即成美酱。味最佳。

【译】糯米一小斗，按照常法做成带糟的酒。加入一斤炒盐、半升淡豆豉、三两花椒、五钱胡椒、二两大茴香、二两小茴香、二两干姜。以上原料调匀、磨细，即成美味的酱。味道最好。

豆酱油

红小豆蒸团成碗大块，宜干不宜湿。草铺草盖置暖处，发白膜晒干。至来年二月，用大白豆，磨拉半子，桔去

---

① 槽：疑为"糟"之误。

② 大茴：大茴香。

皮，量用水煮一宿，加水磨烂（不宜多水）。取旧面水洗刷净①，晒干，辗末②，罗过拌炒末内，酌量拌盐，入缸。日晒候色赤，另用缸，以细竹篦③隔缸底，酱放篦上，淋下酱油，取起，仍入锅煮滚，入大罐，愈晒愈妙。馀酱，酱瓜、茄用。

【译】将红小豆蒸熟后，团成碗大的块，宜干不宜湿。下面铺草上面盖草，放置在暖和的地方，发白膜并晒干。到了来年二月，用大白豆，磨成两半，橘子去皮，用适量的水煮一夜，再加水磨烂（水不宜多）。取出隔年的红小豆面团，用水洗净，晒干，碾末。将红小豆面罗过并拌炒在白豆末内，酌量加入盐，入缸。放到太阳下晒到红色时，另用缸，用细竹篦隔开缸底，酱放在篦上，然后淋下酱油，取起，仍入锅煮开，再入大罐，越晒越好。剩下的酱，酱瓜、茄用。

（豆酱油）又法

黄豆或黑豆煮烂，入白面，连豆汁揣④和使硬，或为

---

① 取旧面水洗刷净：取出隔年的红小豆面团，用水洗净。旧面，指隔年的红小豆面团。

② 辗末：碾末。辗，同"碾"。

③ 竹篦（bì）：用细竹编成的一种缝隙很密的器具。篦，原指比梳子密的梳头用具。

④ 揣（chuāi）：这里为揉的意思。

饼，或为窝①。青蒿②盖住，发黄③磨末，入盐汤，晒成酱。用竹密篦挣④缸下半截，贮酱于上，沥下酱油。

【译】将黄豆或黑豆煮烂，加入白面，连豆汁揉和至硬，或成为饼状，或成为窝窝状。用青蒿盖住，发黄后磨末，加入热盐水，晒成酱。用密竹篦撑在缸的下半截，将酱放在竹篦上，沥下的就是酱油。

秘传⑤造酱油方

好豆渣一斗，蒸极熟。好麸皮一斗，拌和，盦成黄子。甘草一斤煎浓汤，约十五六斤，好盐二斤半，同入缸，晒熟。滤去渣，入瓮，愈久愈鲜，数年不坏。

【译】将一斗好豆渣，蒸至熟烂。用一斗好麸皮，拌和，罨成黄子。用一斤甘草煮成浓汤，每十五六斤加两斤半好盐，一同入缸，晒熟。滤去渣，倒入坛中，越久越鲜，几年都不会坏。

---

① 或为窝：或成为窝窝状。

② 青蒿：也称"香蒿""香青蒿"。菊科。二年生草本。古人做酱常用它来盖在面团上。

③ 发黄：使面团产生"黄衣"。

④ 挣：指竹篦"卡"在了缸的中间。这里有撑的意思。

⑤ 秘传：独家传授。

急就酱①

麦面、黄豆面,或停②,或豆少面多。下盐水,入锅熬熟,入盆晒。西安作"一夜酱"即此。

【译】麦面、黄豆面,用量相当,或黄豆面少麦面多。加入盐水,倒入锅中熬熟,再倒入盆中晒。西安做"一夜酱"就是这样。

急就酱油

麦麸五升、麦面三升,共炒红黄色,盐水十斤,合③,晒,淋油④。

【译】五升麦麸、三升麦面,共炒至红黄色,加入十斤盐水,用盐水调和麦麸、麦面,日晒,浸出酱油。

芝麻酱

熟芝麻一斗磨烂。用六月六日水煎滚,候冷入瓮,水淹

---

① 急就酱:快速做成的酱。

② 或停:指麦面、黄豆面用量相当。

③ 合:指用盐水调和麸、面。

④ 淋油:浸出酱油。

上一指①。对日晒，五七日开看。捞去黑皮，加好酒娘、糟三碗，好酱油三碗、好酒二碗、红曲末一升、炒绿豆一升、炒米一升、小茴香末一两，和匀，晒。二七日②用。

【译】把一斗熟芝麻磨烂。将六月初六的水烧开，晾凉倒入瓮中，水超过芝麻泥一指。在太阳光下暴晒，三十五天后开盖察看。捞去黑皮，加入三碗好酒曲、糟，再加入三碗好酱油、两碗好酒、一升红曲末、一升炒绿豆、一升炒米、一两小茴香末，调和均匀，阳光下再晒。十四天后就可以用了。

腌肉水

腊月腌肉，剩下盐水，投白矾少许，浮沫俱沉，澄去滓，另器收藏。夏月煮鲜肉，味美堪久。

【译】腊月腌肉，剩下盐水，放进少许白矾，浮沫全部沉下，澄去渣滓，再找个容器收藏。此水夏季用来煮鲜肉，味美且保存的时间很长。

---

① 水淹上一指：指水超过芝麻泥一指。

② 二七日：十四天。

腌雪

腊雪①贮缸，一层雪，一层盐，盖好。入夏取水一杓煮鲜肉，不用生水及盐、酱，肉咪如暴腌②，肉色红可爱，数日不败。此水用制他馔及合酱，俱大妙。

【译】把腊月的雪贮存到缸里，一层雪一层盐，盖好。入夏后，取水一勺煮鲜肉，不用生水及盐、酱，肉味就像刚刚腌过的一样，肉色红得可爱，几天内不坏。用这种水做其他的菜肴以及用来调和酱，都很好。

芥卤

腌芥菜盐卤煮豆及罗卜丁，晒干，经年不坏。

【译】用腌芥菜的盐卤煮豆及萝卜丁，晒干，几年都不会坏。

笋油

南方制咸笋干，其煮笋原汁，与酱油无异。盖换笋而不

---

① 腊雪：腊月里下的雪。

② 暴腌：刚刚腌制的意思。

换汁^①，故色黑而润，味鲜而厚，胜于酱油，佳品也。山僧^②受用者多，民间鲜致^③。

【译】南方制作咸笋干，煮笋的原汁，与酱油没有两样。换笋而不换汁水，因此笋汁的颜色油黑而润泽，味道鲜美而醇厚，胜于酱油，是佳品。居住在山中的和尚受用很多，民间很少得到。

---

① 盖换笋而不换汁：因为在煮笋时，煮好一批要另换一批，而汁水不换。

② 山僧：居住在山中的和尚。

③ 鲜致：很少得到。

糟

甜糟

上白江米①二斗，浸半日，淘净，蒸饭，摊冷入缸，用蒸饭汤一小盆作浆，小面六块，捣细，罗末拌匀。中挖一窝，周围结实，用草盖②盖上，勿太冷太热，七日可熟。将窝内酒娘撇起，留糟。每米一斗，入盐一碗，桔皮末量加，封固。勿使蝇虫飞入。听用。

【译】两斗上等白江米，泡半日，淘净，蒸饭。摊放冷却后放进缸里，用蒸饭的米水一小盆作浆；小面六块，捣细，罗成末拌匀。在中间挖一个窝，周围按结实，用草盖盖上，不要太冷也不要太热，七天后可熟。将窝内酒曲撇起，留下酒糟。每一斗米加入一碗盐，加入适量橘皮末，封闭严实，不要让蝇虫飞进去，等着用就是。

糟油

作成甜糟十斤、麻油五斤、上盐二斤八两、花椒一两，

---

① 上白江米：上等白糯米。

② 草盖：草编织的盖子。

拌匀。先将空瓶用希布①扎口贮瓮内，后入糟封固。数月后，空瓶沥满②。是名糟油③，甘美之甚。

【译】十斤做好的甜糟、五斤麻油、两斤八两上等盐、一两花椒，拌均匀。先将空瓶用麻布扎口贮藏坛里，然后把糟放进去封严实。数月后，空瓶沥满，就是糟油，甘美至极。

浙中糟油

白油甜糟（用不榨者）五斤、酱油二斤、花椒五钱，入锅烧滚。放冷滤净，与糟内所淋无异。

【译】五斤白油甜糟（用没有榨的）、两斤酱油、五钱花椒，一并倒入锅中烧开。放冷后滤净，与糟内所淋没有两样。

嘉兴糟油

十月白酒内，澄出浑脚④，并入大罐。每斤入炒盐五

---

① 希布：绨（chī）布，一种细葛布。

② 沥满：指糟油渗过"希布"，贮满瓶中。

③ 是名糟油：这种叫糟油。是，指示代词，指代用上述方法制出的油。

④ 浑脚：渣滓。

钱、炒花椒一钱，乘^①热撒下封固。至初夏取出，澄去浑脚收贮。

【译】十月制作的白酒，澄出渣滓，并入大罐。每斤白酒入五钱炒盐、一钱炒花椒，趁热撒入罐内，封闭严实。到了初夏取出，澄去渣滓后贮藏起来。

---

① 乘：通"趁"。

醋

七七醋①

黄米②五斗，水浸七日，每日换水，七日满。蒸饭，乘热入瓮，按平封闭。次日翻转③，第七日再翻，入井水三石，封。七日搅一遍，又七日再搅，又七口成醋。

【译】将五斗黄米，用水浸泡七天，每天都要换水。满七天后，蒸饭，趁热装入坛中，按平并封闭坛口。第二天翻搅，第七天再翻搅，倒入三石井水，封闭起来。七天后搅一遍，又过七天再搅，再过七天就成醋了。

懒醋

腊月④，黄米一斗煮糜⑤，乘热入陈粗曲末（三块），拌入罐，封固。闻醋香，上榨⑥。干糟留过再拌。

【译】腊月的时候，将一斗黄米煮烂，趁热加入三块陈

① 七七醋：因醋是七七四十九天制成，故称七七醋。

② 黄米：小米。

③ 翻转：翻搅。

④ 腊月：指在腊月里造醋。

⑤ 糜：通"糜（mí）"，烂之意。

⑥ 上榨：上榨子将醋压挤出来。榨，压出物体汁液的器具。

粗曲末，搅拌后放进罐里，封闭严实。闻到有醋香了，拿出来上榨子将醋压挤出来，榨出的干糟留下来继续搅后放进罐里。

大麦醋

大麦蒸一斗、炒一斗，凉冷，入曲末八两，拌匀入罐。煎滚水四十斤，注入。夏布盖，日晒（移时向阳）。三七日成醋。

【译】大麦蒸一斗、炒一斗，凉后，加入八两麦曲末，拌匀放进罐里。烧四十斤开水倒进去，用夏布盖严，放到向阳处日晒（移动的时候要向阳），二十一天醋就做成了。

收醋法

头醋滤清，煎滚入瓮。烧红火炭一块投入，加炒小麦一撮，封固，永不败。

【译】头醋滤清，煮开后装入坛中。投入一块烧红的火炭，加入一撮炒小麦，封闭严实。永不会坏。

芥辣

制芥辣

二年陈芥子研细①，用少水调，按实碗内。沸汤注三五次，泡出黄水，去汤，仍按实。韧纸封碗口，覆冷地上。少顷，鼻闻辣气，取用淡醋澥开，布滤去渣。加细辛②二三分，更辣。

【译】将两年的陈芥子研细，少用点水调一调，放到碗里按实。向里倒三五次滚开的水，泡出黄水，再去汤，仍然按实，然后用坚韧的纸封闭碗口，放置在冷地上。一会儿，鼻子就会闻到辣气，取出来用淡醋澥开，用布过滤去掉渣。加两三分细辛，味道会更辣。

（制芥辣）又法

芥子一合③，入盆擂④细。用醋一小盏，加水和调。入细绢，挤出汁，置水缸内。用时加酱油、醋调和，其辣无比。

---

① 研细：碾细。

② 细辛：一种中药。

③ 合（gě）：一升的十分之一。

④ 擂：研磨使碎之意。

【译】芥子一合，放入盆中擂细，用醋一小杯，加水调和。放进细绢，挤出汁，放到水缸内。用的时候加酱油、醋调和，其辣无比。

梅酱

梅酱

三伏取熟梅捣烂，不见水①、不加盐，晒十日，去核及皮，加紫苏②，再晒十日收贮。用时或盐或糖，代醋亦精。

【译】三伏天的时候取熟透的梅捣烂，不要沾水、不要加盐，晒十天。去掉梅的核及皮，加入紫苏，再晒十天后收藏。用的时候，可以加盐吃咸的，也可以加糖吃甜的，当醋用也很好。

梅卤

腌青梅卤汁至妙③。凡糖制各果④，入汁少许，则果不坏，而色鲜不退。代醋拌蔬更佳。

【译】腌青梅的卤汁妙极了，凡制作各种蜜饯时，加入少许这个卤汁，果就不会坏，而且鲜艳的色泽不褪。代醋拌菜更好。

---

① 不见水：不能碰到水。

② 紫苏：一种中药。古代常用其做调料。

③ 至妙：妙极了。

④ 糖制各果：蜜饯。

豆

豆豉①

大青豆一斗（浸一宿，煮熟。用面五升缠豆②，摊席上，晾干，楮叶③盖好。发中黄勃淘净④），苦瓜皮十斤（去内白一层，切丁，盐腌，榨干），飞盐⑤五斤（或不用），杏仁四两（煮七次，去皮尖。若京师⑥甜杏仁，止⑦泡一次），生姜五斤（刮去皮，切丝），花椒半斤（去梗、目⑧），薄荷、香菜、紫苏（三味不拘⑨，俱切碎），陈皮半斤（去白切丝），大茴香、砂仁各二两，白豆蔻一两（或不用），官桂五钱，合瓜豆拌匀，装罐。用好酒、好酱油对和，加入，约八九分满。包好，数日开看。如淡加酱油、如

---

① 豆豉：用煮熟的大豆发酵后制成。主要有咸、淡两种。供调味用，淡的可以入药。

② 缠豆：用面裹住了豆子。

③ 楮（chǔ）叶：楮树的叶子。

④ 发中黄勃淘净：当豆子上产生"黄衣"后要赶快将它淘洗干净。勃，原有猝然之意，这里是立即、赶快的意思。

⑤ 飞盐：把好盐在开水中泡化，澄去杂质，再下锅中煮干凝结的盐。

⑥ 京师：首都，京城。

⑦ 止：同"只"。

⑧ 目：花椒目，又名椒白，系花椒的成熟干燥种子，近圆形，色黑，滑而有光泽。

⑨ 三味不拘：指薄荷、香菜、紫苏这三种原料的用量不拘多少。

咸加酒。泥封晒。伏制秋成^①。美味。

【译】一斗大青豆（浸泡一夜，煮熟。用五升面裹住豆子，摊在席上，晾干，用楮叶盖好。当豆子上产生"黄衣"后要赶快将它淘洗干净），十斤苦瓜皮（去掉苦瓜内的一层白瓢，切丁，用盐腌，榨干水分），五斤飞盐（可以不用），四两杏仁（煮七次，去掉皮、尖。如果是京师甜杏仁，只泡一次即可），五斤生姜（刮去皮，切丝），半斤花椒（去掉花椒梗和花椒目），薄荷、香菜、紫苏（这三种原料的用量不拘多少，全部切碎），半斤陈皮（去掉皮内白膜，切丝），大茴香、砂仁各二两，一两白豆蔻（可以不用），五钱官桂，将瓜豆拌匀，装罐。用好酒、好酱油各一半的量，调和好，倒入罐中，八九分满就可以了。封好口，数日后打开看看。如口味淡就加些酱油，如口味咸就加些酒。用泥封闭灌口晒制。伏天制作，秋天就成熟了。口味很美。

红蚕豆

白梅一个先安锅底，次将淘净蚕豆入锅，豆中作窝，下椒盐、茴香于内。用苏木煎水，入白矾少许，沿锅四边浇下，平豆为度^②。烧熟，盐不泛而豆红。

---

① 伏制秋成：伏天制作，秋天就成熟了。

② 平豆为度：以水和豆子相平为准。

【译】先将一个白梅放在锅底，再将淘洗干净的蚕豆入锅，在豆中做一个窝，将椒盐、茴香下在窝内。用苏木煮水，加少许白矾，要顺着锅的四边浇下，以水和豆子相平为准。煮熟，盐不泛白而蚕豆颜色泛红。

熏豆腐

好豆腐压极干，盐腌过，洗净，晒干，涂香油熏之。妙。

【译】将好豆腐压得很干，用盐腌过后，洗干净，晒干，涂抹上香油后熏制。很好。

凤凰脑子

好腐腌过，洗净，晒干，入酒娘、糟。糟透，妙甚。

【译】将好豆腐腌过，洗净，晒干，放到酒曲、酒糟里。一定要糟透，味道美极了。

冻腐

严冬将腐浸水内，露①一夜。水冰而腐不冻，然腐气已除。味佳。

---

① 露：在室外，无遮盖。

【译】严冬的时候将豆腐放到水内浸泡，在室外放一夜，水结冰而豆腐没有冻，然而豆腐的气味已经被除掉了。味道好。

腐干

好腐干，用腊酒娘、酱油浸透。取出，切小方块。以虾米末、砂仁末掺上熏干，熟香油涂上，再熏。用供翻叠[1]，奇而美。

【译】将好豆腐干用腊酒酿、酱油浸泡透，取出切成小方块。用虾米末、砂仁末掺入并熏干。涂上熟香油，再熏，用的时候翻转叠起（精心码盘），奇特而漂亮。

响面筋

面筋切条压干，入猪油炸过，再入香油炸。笊起[2]，椒盐、酒拌。入齿有声，坚脆，好吃。

【译】将面筋切条压干，放入猪油炸过，再放入香油内炸，用笊篱捞起，再拌上椒盐和酒，入口咀嚼起来有声响，又硬又脆，很好吃。

---

① 翻叠：翻转叠起。叠，垒之意，这里指豆腐干装盘要漂亮。

② 笊（zhào）起：用笊篱捞起。

熏面筋

面筋切小方块，煮过。甜酱酱四五日，取出。浸鲜虾汤内一宿，火上烘干。再浸鲜虾汤内，再烘十数遍。入油略沸①，熏食。亦可入翻叠。

【译】面筋切成小方块，在甜酱中酱四五天，取出。在鲜虾汤内浸泡一夜，放在火上烘干。再浸到虾汤内，再烘十几遍。最后将面筋放在沸油中略微炸一下，熏食，也可入盘翻转叠起。

麻腐

芝麻略炒，和水磨细。绢滤去渣取汁，煮熟。加真粉少许，入白糖，饮。或不用糖，则少用水，凝作腐②。或煎或煮，以供素馔③。

【译】芝麻略微炒一下，调和着水磨细，用绢过滤，去掉渣滓取出麻汁，煮熟。加入少许淀粉，加入白糖直接可以喝。或者不用糖，就少用些水，凝固成豆腐状。可以煎可以煮，可以作为素食。

---

① 入油略沸：将面筋放在沸油中略微炸一下。

② 凝作腐：凝固成豆腐状。

③ 以供素馔：可以作为素馔食用、供奉。素馔，素食。

粟腐

罂粟子①，如制麻腐法，最精。

【译】用罂粟子，像制"麻腐"的方法一样，最精。

---

① 罂（yīng）粟子：罂粟的种子。

粥

暗香粥

落梅瓣，以绵包之。候煮粥熟下花①，再一滚②。

【译】落梅瓣，用棉布包起来。等到粥煮熟的时候放入梅花，将粥再煮开一次。

木香粥

木香花片，入甘草汤焯过。煮粥熟时入花，再一滚。清芳之至，真仙供也。

【译】木香花片，下入甘草汤内焯过。等到将粥煮熟的时候放入木香花，将粥再煮滚一次。清纯芳香到极至了，真像供神仙的珍品。

① 煮粥熟下花：等到将粥煮熟放入梅花。

② 再一滚：指将粥再煮滚一次。

粉

藕粉

以藕节^①浸水。用磨一片架缸上，以藕磨擦淋浆入缸。绢袋绞滤，澄去水^②，晒干。每藕二十斤，可成一斤。

【译】把藕节浸泡在水里，在缸上架一片磨，把藕在磨上擦，把磨擦出的浆淋入缸里，装入绢袋绞滤，澄去水，晒干。每磨二十斤藕，可做成一斤藕粉。

松柏粉

带露取嫩叶捣汁，澄粉作糕。用之绿、香可爱。

【译】取带着露水的嫩叶捣成汁，用澄出的粉来做糕饼，颜色翠绿，吃起来芳香可口。

---

① 藕节：这里是指一节节的藕。非指通常的"藕节"。

② 澄（dèng）去水：使藕粉沉淀，并将水去掉。澄，使液体中的淀粉之类或杂质沉淀。

饵^①之属

顶酥饼

生面、水七分、油三分，和稍硬，是为外层（硬则入炉时，皮能顶起一层^②。过软则粘不发松^③）。生面每斤入糖四两，油和（不用水），是为内层。擀须开折^④，须多遍则层多，中实果馅。

【译】生面、水七分、油三分，把面团和得稍硬，这是外层（面硬在入炉的时候，饼的外皮能鼓起一层；过软就会黏得不起酥）。每斤生面加糖四两，用油和（不用水），这是内层。把面擀成皮后对折，折叠成多层，中间包满果馅。

雪花酥饼

与"顶酥饼"同法。入炉候边^⑤干为度，否则破裂^⑥。

【译】与制作"顶酥饼"的方法相同。入炉等饼的边缘

---

① 饵（ěr）：糕饼。亦泛指食物，如果饵。这里指前者。

② 皮能顶起一层：指饼的外皮能鼓起一层。

③ 发松：起酥。

④ 擀须开折：擀的面要对折。

⑤ 边：饼的边缘。

⑥ 否则破裂：如果烘烤过头，饼就会破裂。

干后为合适。如果烘烤过头，饼就会破裂。

薄脆饼

蒸面每斤入糖四两、油五两，加水和，擀开，半指厚，取圆①粘芝麻入炉。

【译】蒸面每斤加入四两糖、五两油，加水和。把面擀开呈半指厚，做成圆的，粘上芝麻入炉烤熟。

果馅饼

生面六斤。蒸面四斤、脂油三斤，蒸粉二斤，温水和，包馅入炉。

【译】六斤生面。四斤蒸面、三斤油脂，两斤蒸粉，用温水和好，包上果馅入炉烤。

粉枣②

江米（晒变色，上白者佳）磨细粉，称过，滚水和成饼，再入滚水煮透，浮起，取出冷③。每斤入芋汁七钱，搅

---

① 取圆：把饼子做成圆形。

② 粉枣：类似今日的"江米条"。

③ 冷：让江米饼凉透之意。

匀和好，切指顶大①，晒极干，入温油慢泡，以软为度。后入滚油，候放开②，仍入温油，候冷取出，白糖掺粘③。

【译】江米（晒得颜色很白的好）磨成细粉称过，用开水和成饼，再下入开水中煮透，浮起时取出放冷。每斤加入七钱芋汁，搅匀和好。切成手指头大，晒得很干，再入温油慢泡，以软为适度。软后下入滚油，等到膨胀起来，再放进温油里炸。放冷后取出来，粉枣表面粘上白糖即可。

玉露霜

天花粉④四两、干葛⑤一两、桔梗⑥一两（俱为末），豆粉十两，四味搅匀，干薄荷用水洒润，放开收水迹。铺锡盂底⑦，隔以细绢，置粉于上⑧。再隔绢一层，又加薄荷。盖好封固。重汤煮透。取出冷定，隔一二日取出，加白糖八两，

---

① 切指顶大：切成指头顶那么大。

② 放开：膨胀的意思。

③ 白糖掺粘：用白糖掺和，并使白糖粘满"粉枣"的表面。

④ 天花粉：葫芦科植物瓜蒌（旧称栝楼）的根。是一味中药，具有清热、解渴及解毒、消肿等功效。

⑤ 干葛：干葛根。中药，有发汗、解热、解渴及止泻等功效。

⑥ 桔梗：是一种属于桔梗科的多年生草本植物。其根入药，有祛痰、排脓等功效。

⑦ 铺锡盂底：将薄荷铺在锡盂的底部。锡盂，锡制的盂。盂，一种盛液体的器皿，但有时也可以用来作他用。

⑧ 置粉于上：将天花粉等四种粉放在绢的上面。

和匀，印模①。

【译】四两天花粉、一两干葛、一两桔梗（全都研成末），十两豆粉，这四种原料搅匀。干薄荷用水化开，控干水分。铺到锡盂底上，用细绢隔开，把粉放到上面；再隔上一层绢，又加上薄荷，盖好封严，用开水煮透，取出冷却。隔一两天取出来，加上白糖八两，和匀，放入模子压制成块。

松子海啰嗻②

糖卤入锅，熬一饭顷③。搅冷，随手下炒面，旋④下剁碎松子仁。搅匀，泼案上（先用酥油抹案）。擀开，乘温切作象眼块。

【译】糖卤入锅，熬一顿饭的工夫。搅动变凉，随手下入炒面，随即下剁碎的松子仁，搅匀后倒在案子上（案面需先抹上酥油）。擀开，趁热切成象眼块。

_____

① 印模：放入模子压制成块。

② 松子海啰嗻：这是用松子、糖、面、酥油制成的一种面食。"海啰嗻"，为少数民族语的音译，意思不详。

③ 一饭顷：一顿饭的工夫。

④ 旋：旋即；一会儿。

晋府千层油旋烙饼

白面一斤，白糖二两（水化开），入香油四两，和面作剂，擀开。再入油成剂，擀开。再入油成剂，再擀，如此七次。火上烙之，甚美。

【译】白面一斤，白糖二两（水化开），加香油四两，和面做剂。擀开，再加入油成剂；擀开，再加入油成剂；再擀开，如此七次。火上烙熟，很好吃。

光烧饼

每面一斤，入油半两，炒盐一钱，冷水和。擀开，鏊上煿①。待硬缓火烧熟，极脆美。

【译】每一斤面，入半两油、一钱炒盐，用冷水和好。擀开，放到鏊盘上烙。饼硬后用小火烤熟，非常脆美。

水明角儿②

白面一斤，逐渐撒入滚汤，不住手搅成稠糊。划作一二十块，冷水浸至雪白，放稻草上，摊出水。豆粉对

① 鏊（ào）上煿（bó）：放在鏊上烤。鏊，烙饼器。铁质，平圆，中心稍凸，下有三足。俗称鏊子或鏊盘。煿，同"爆"。这里是烤、烙的意思。
② 水明角儿：这是一种烫面蒸饺。

配①。作薄皮，包馅，笼蒸，甚妙。

【译】将一斤白面逐渐撒入开水中，不停手地搅成稠糊状。划成一二十块，用冷水浸泡到雪白，放到稻草上摊出水。再加入豆粉，擀成薄皮，包馅，用笼蒸，非常美。

酥黄独

熟芋②切片，榛③、松、杏、榧④等仁为末，和面拌酱，油炸，香美。

【译】熟山芋切片，将榛、松、杏、榧等仁研为末，和面拌酱，再油炸，又香又美。

阁老饼

糯米淘净，和水粉之⑤，沥干。计粉二分、白面一分。其馅随用，熯⑥熟，软腻好吃。

---

① 豆粉对配：用豆粉和面糊各一半掺和起来。

② 熟芋：熟山芋。

③ 榛（zhēn）：榛子。

④ 榧（fěi）：常绿乔木，种子有很硬的壳，两端尖，称"榧子"，仁可食，亦可入药、榨油。木质坚硬，可做建筑材料。

⑤ 和水粉之：将糯米带水磨成粉。粉，这里作动词用。之，代糯米。

⑥ 熯（hàn）：烘烤。

【译】糯米淘洗干净，掺和着水磨成粉，沥干，约计糯米粉两份、白面一份的比例。馅料随用随包，烘烤熟，软糯可口。

核桃饼

胡桃肉去皮，和白糖捣如泥，模印①，稀不能持②。蒸江米饭，摊冷，加纸一层，置饼于上。一宿饼实③，而江米反稀。

【译】胡桃肉去皮，和入白糖捣成泥，放在模具中拓成饼，如果稀了便不成个儿。蒸江米饭，摊开凉冷，加一层纸，把饼放到纸上。过一夜时间饼就硬实了，而江米反倒更稀了。

橙糕

黄橙四面用刀切破，入汤煮熟。取出，去核捣烂，加白糖，稀布裂汁④，盛瓷盘。再炖过，冻就，切食。

【译】黄橙四面用刀切破，放进开水中煮熟。取出，去

---

① 模印：放在模具中拓成饼。

② 稀不能持：胡桃泥太稀，印出的饼稀软得不能用手拿。

③ 一宿饼实：经过一夜，胡桃饼便结实了。实际指干了。

④ 稀布裂汁：用绨布将橙子汁液滤出。稀，疑为"绨"之误。裂，疑为"沥"之误。

掉核并捣烂，加白糖，用绵布将橙子汁液滤出，盛放于瓷盘里。再上火炖过，结成冻后，切着吃。

梳儿印

生面、绿豆粉停对①，加少薄荷末同和，搓成条，如箸头②大，切二分长。逐个用小梳掠齿③印花纹。入油炸熟，漏勺捞起，乘热洒白糖拌匀。

【译】生面、绿豆粉一半一半，加少许薄荷末一起和，搓成条，像筷子头粗。切两分长，逐个用小梳子的齿印上花纹。入油锅炸熟，用漏勺捞出，趁热撒白糖拌匀。

蒸裹粽

白糯米蒸熟，和白糖拌匀。以竹叶裹小角儿。再蒸。或用馅。蒸熟即好吃矣，如剥出油煎，则仙人之食矣。

【译】白糯米蒸熟，和入白糖拌匀。用竹叶裹成小角儿，再蒸。或加入馅料，蒸熟就可以吃了。如果剥出后用油炸，就是仙人的食物。

---

① 停对：掺和好之意。

② 箸头：筷子头。

③ 小梳掠齿：小梳子的齿，意即梳子两头的粗齿不能用。掠，这里有梳理之意。

卷之中

蔬之属

腌菜法

白菜一百斤，晒干，勿见水，抖去泥，去败叶。先用盐二斤，迭入缸。勿动手，腌三四日，就卤内洗净。加盐，层层迭入缸内，约用盐三斤。浇以河水，封好，可长久（腊月作）。

【译】将一百斤白菜，晒干，不要沾水，抖去泥，去掉烂叶。先用两斤盐，码入缸中。不要用手动，腌三四天，在卤汁内洗净，加盐，层层码入缸内，约用三斤盐。浇入河水，封好缸口，可长久保存（需腊月时做）。

（腌菜）又法

冬月白菜，削去根，去败叶，洗净挂干。每十斤盐十两①。用甘草数根，先放瓮内。将盐撒入菜了，内②排迭瓮中。入莳萝③少许（椒末亦可）以手按实。及半瓮，再入甘草数根，将菜装满，用石压面。三日后取菜，搬迭别器内（器须洁净，忌生水），将原卤浇入。候七日，依前法，搬

---

① 十两：古代十六两为一斤。

② 内：通"纳"。

③ 莳萝：一种香料。亦称"土茴香"。

迭，迭实。用新汲水^①加入，仍用石压。味美而脆。至春间食不尽者，煮，晒干收贮。夏月温水浸过，压去水，香油拌匀，入瓷碗，饭锅蒸熟，味尤佳。

【译】冬天的白菜，削去菜根，去掉烂叶，洗净，挂晒至干。每十斤白菜用十两盐，用甘草数根，先放入坛内。将盐撒到菜上，放在坛内叠排好。加入莳萝（椒末也可以）用手按实。装至半坛时，再加入数根甘草，将菜装满，用石压住表面。三天后取菜，搬出叠放在别的坛子内（坛子必须清洗干净，切忌有生水），将原卤浇入。等七天后，依照前面的方法，再搬再叠，按实。加入刚刚打出来的井水，仍用石压住。味道美而口感脆。到了春天吃不完的，（取出）煮，晒干后收藏。夏天的时候用温水浸泡过，压去水分，用香油拌匀，放入瓷碗，用饭锅蒸熟，味道特别好。

菜齑^②

大芥菜洗净，将菜头十字劈开^③。萝卜紧小者，切作两半。俱晒去水迹。薄切小方寸片，入净罐，加椒末、茴香，入盐、酒、醋。擎^④。罐摇播数十次，密盖罐口，置灶上温

---

① 新汲水：刚刚打出来的井水。

② 菜齑（jī）：切细的菜。齑，原指细碎的姜、蒜、韭菜等。

③ 十字劈开：按十字形劈开。

④ 擎（qíng）：向上托、举。

处。仍日摇播一转。三日后可吃，青白间错，鲜洁可爱。

【译】把大个的芥菜洗干净，将菜头按十字形劈开。萝卜选小的，切作两半。都晒去水分，切成一寸见方的薄片，放入干净的罐中，加椒末、茴香，下入盐、酒、醋。将罐举起摇晃几十次，密封住罐口，放在灶上暖和的地方。仍要每天摇晃一次。三天后就可以吃了，青白相间，鲜亮可爱。

干闭瓮菜

菜十斤、炒盐四十两，入缸。一皮^①菜，一皮盐。腌三日。搬入盆内，揉一次，另搬迭一缸。盐卤另贮。又三日，又搬又揉又迭过，卤另贮。如此九遍。入瓮，迭菜一层，撒茴香、椒末一层，层层装满，极紧实。将原汁卤每瓮入三碗。泥起^②。来年吃，妙之至。

【译】十斤菜、四十两炒盐，放入缸中。一层菜，一层盐。腌制三天。搬入盆内，用手揉一次，另搬叠入另一缸，盐卤另贮。又过三天，再搬再揉再叠过，盐卤另贮。如此九遍后，放入坛中，叠一层菜，撒一层茴香、椒末，层层装满，非常瓷实。将原汁卤每坛倒入三碗。用泥封闭坛口。来

---

① 一皮：一层。

② 泥起：用泥封坛口。

年吃，好得很。

闭瓮芥菜

菜净，阴干，入盐腌。逐日加盐，揉七日。晾去湿气。用姜丝、茴香、椒末拌入。先以香油装罐底一二寸，方入菜^①，筑实极满^②。箬衬口，竹竿十字撑起^③。覆三日^④，沥出油，仍正放。添原汁^⑤，三日倒一次。如此者三。泥头。五日可开用。

【译】将菜洗干净，阴干，加入盐腌。逐天加盐，揉搓七天。晾去湿气。用姜丝、茴香、椒末拌入。先用香油装罐底一两寸，方可放入菜，将菜按实并装满罐子。用竹笋的外皮在罐口将菜盖好，再用竹竿作十字形将其抵住。将菜罐倒置三天，沥出油，将菜罐正放。加上腌菜的原汁，每三天倒一次，这样弄三次。用泥封闭罐口，五天后就可以打开取用了。

---

① 方入菜：方可放入菜。

② 筑实极满：将菜按实并装满罐子。

③ 箬衬口，竹竿十字撑起：用竹笋的外皮在罐口将菜盖好，再用竹竿作十字形将其抵住。

④ 覆三日：将菜罐倒置三天。

⑤ 添原汁：加上腌菜的原汁。

水闭瓮菜

大棵白菜，晒软去叶。每棵用手裹成一窝，入花椒、茴香数粒。随迭瓮内，满，用盐筑口上，冷水灌满。十日倒出水一次，倒过数次，泥封。春月供妙。

【译】选用大棵的白菜，晒软后去掉叶子。每棵白菜用手裹成一窝，加入数粒花椒、茴香。依次将白菜叠入坛子内，装满，用盐筑在坛口上，用冷水将坛灌满。每十天倒出水一次，倒过多次后，用泥封闭坛口。春天供食最好。

覆水辣芥菜

菜嫩心切一二寸长，晒十分干。炒盐拿透，加椒茴末拌匀，入瓮，按实。香油满浇瓮口，俟油沁下①，再停一二日，以箬盖好，竹签十字撑紧。将瓮覆盆内，俟油沥下七八（油仍可用），另用盆水覆瓮，入水一二寸。每日一换水，七日取起，覆粗纸上②，去水迹净，包好泥封。入夏取供，鲜翠可爱。切细，好醋浇之，酸辣醒酒，佳品也。

【译】将菜嫩心切成一两寸长，晒得非常干。用炒盐拿透，加入花椒、茴香末拌匀，装入坛子，按实。用香油满

---

① 俟（sì）油沁下：等油渗到坛的底部。俟，等待。沁，渗入，浸润。

② 覆粗纸上：（将菜）倒在粗纸上。

浇坛口，等油渗到坛的底部，再停一两天，用竹笋的外皮盖好，将竹签十字撑紧。将坛子倒置在盆内，等油渗到盆内七八成（油仍可以用），另用一盆水倒入坛中，水要没过菜一两寸。每天换一次水，七天后将菜取出，倒在粗纸上，去掉水迹，包好用泥封闭。入夏的时候取来供食用，鲜翠可爱。切细，浇上好醋，酸辣醒酒，佳品。

撒拌和菜法

麻油加花椒，熬一二滚收贮。用时取一碗，入酱油、白糖，调和得宜，拌食绝妙。凡白菜、豆芽、甜菜、水芹，俱须滚汤焯过，冷水漂①过，抟干入拌②。脆而可口，配以腐衣③、木耳、笋丝更妙。

【译】麻油加花椒，熬一两开后收贮。用时取一碗，加入酱油、白糖，将口味调合适，凉拌菜非常好。凡白菜、豆芽、甜菜、水芹，都须用开水焯过，再冷水过凉，用手将菜团水挤干，然后放入盘碟中加入调料拌和。菜脆而可口，如果配以豆腐皮、木耳、笋丝就更好了。

---

① 漂：洗。

② 抟（tuán）干入拌：用手将菜团水挤干，然后放入盘碟中加调料拌和。抟，用手团东西，使成圆形。

③ 腐衣：大豆磨浆，烧煮后脂肪和蛋白质上浮凝结而成。又名豆腐皮。

细拌芥

十月内，切鲜嫩芥菜，入汤 ﹍ 焯即捞起，切生莴苣，熟香油、芝麻、飞盐拌匀，入瓮。三五日可吃。入春不变。

【译】十月里，将鲜嫩的芥菜切好，下入开水中一焯即捞起，切入生莴苣，用熟香油、芝麻、飞盐拌匀，装入坛中。三五天后就可以吃了。入春都不会坏。

焙红菜

白菜去败叶、茎及泥土净，勿见水，晒一二日。切碎，用缸贮。灰火①焙干，以色黄为度，约八分干。每斤用炒盐六钱揉腌，日揉三四次，揉七日。拌茴、椒末，装罐筑实，箬叶竹撑。罐覆月许，泥封。入夏供，甜、香美，色亦奇。

【译】将白菜去净烂叶、茎及泥土，不要沾水，晒一两天。切碎，用缸收贮。用火灰将菜焙干，以颜色发黄为准，大约八分干。每斤白菜用六钱炒盐揉腌，每天揉三四次，揉七天。拌花椒、茴香末，装罐按实，用竹笋的外皮在罐口将菜盖好，再用竹竿将其抵住。将罐倒置一个月左右，用泥封口。入夏以后供食，味道甜美，颜色也很漂亮。

---

① 灰火：解释为火灰，物体燃烧后的余烬。

水芹

取肥嫩者，晒去水气，入酱。取出熏食，妙。或汤内加盐焯过，晒干。入茶供，亦妙。

【译】取大而嫩的水芹，晒去水汽，加入酱。取出后熏着吃，非常好。或在热水内加盐焯过，晒干。加些茶来吃，也很好。

生椿

香椿细切，烈日晒干，磨粉。煎腐中入一撮，不见椿而香。

【译】香椿细切，在烈日下晒干，磨成粉。煎豆腐中加入一小撮香椿，看不见香椿却很香。

蚕豆苗

蚕豆嫩苗，或油炒，或汤焯拌食，俱佳。

【译】蚕豆的嫩苗，可以油炒，也可以热水焯过拌着吃，都很好。

赤根菜①

只用菠菜根，略晒，微盐②揉腌，梅卤稍润入瓶。取供，色红可爱。

【译】只用菠菜根，稍微晒一下，用少量的盐揉腌，等卤汁稍润后装瓶。取出来吃，色红且可爱。

---

① 赤根菜：菠菜。

② 微盐：少量的盐。

瓜

瓜、茄生

染坊沥过淡灰，晒干。用以包藏生茄子、瓜，至冬月如生①，可用。

【译】用染坊的淡灰沥过，晒干。用它来包藏生茄子、瓜，到了冬天如同新鲜的一样，可以用。

酱王瓜

甜酱，瓜用王瓜。脆美，胜于诸瓜。

【译】选用甜酱，瓜选用王瓜。口味脆美，胜过其他的瓜。

瓜齑

生菜瓜，随瓣切开去瓤，入百沸汤②焯过。每斤用盐五两，擦腌过。豆豉末半斤、醋半斤、面酱斤半，马芹、川椒、干姜、陈皮、甘草、茴香各半两，芜荑③二两，共末④，

---

① 如生：如同新鲜的一样。

② 百沸汤：久沸的水。

③ 芜荑：中药。味辛，有消食等功用。

④ 共末：指将各种香料共研细末。

拌瓜，入瓮按实。冷处放半月后熟。瓜色如琥珀，味香美。

【译】选用生菜瓜，随瓜瓣切开并去掉瓜瓤，下入常开水中焯过。每斤瓜用五两盐，擦腌过。下入半斤豆豉末、半斤醋、一斤半面酱，将马芹、川椒、干姜、陈皮、甘草、茴香各半两和二两芜荑，将各种香料共研细末，拌好瓜，装入坛中按实。放置在阴凉处半个月后就成熟了。瓜的颜色像琥珀一样，味道香美。

煮冬瓜

老冬瓜去皮切块，用最浓肉汁煮。久久色如琥珀，味方美妙。如此而冬瓜真可食也。

【译】将老冬瓜去皮切块，用非常浓的肉汁煮制。煮的时间久了，冬瓜的颜色像琥珀一样，味道香美。用这样的方法煮制的冬瓜真的可以好好品尝。

煨冬瓜①法

老冬瓜一个，切下顶盖半寸许，去瓤、子净。以猪肉（或鸡鸭、或羊肉）用好酒、酱、香料、美汁调和，贮满

---

① 煨冬瓜：这是古代著名的"酿菜"。

瓜腹。竹签三四根，将瓜盖签牢。竖放灰堆内，则栊糠①铺底及四围，窝到瓜腰以上。取灶内灰火，周回焙筑②，埋及瓜顶以上，煨一周时③，闻香取出。切去瓜皮，层层切下供食。内馔外瓜④，皆美味也。酒肉山僧⑤，作此受用。

【译】选取一个老冬瓜，切下顶盖半寸左右，去净瓜瓤、瓜子。将猪肉（或鸡、鸭、羊肉）用好酒、酱、香料、美汁调和好，装满在冬瓜内。用三四根竹签，将瓜盖签牢。竖着放在灰堆内，用砻糠铺在冬瓜的底部及四周，窝到冬瓜腰部以上。取灶内的火灰，堆放在冬瓜的四周，埋到冬瓜顶之上，煨一天一夜，闻到了香味就取出。切去瓜皮，层层切下来吃。冬瓜的里面是佳肴，外层是瓜肉，都是美味。山里吃荤的和尚，就这样做着吃。

---

① 栊糠：砻糠。栊为"砻（lóng）"之误。砻，也叫"礌（léi）子"，是一种破谷取米的农具。

② 焙筑：指将灰火堆放在冬瓜的四周。虽然"焙"有微火烘烤之意，但"焙筑"却不易解。焙，疑为"培"之误。

③ 一周时：一天一夜。

④ 内馔外瓜：冬瓜的里面是佳肴，外层是瓜肉。馔，食物，这里指酿在瓜腹中的菜肴。

⑤ 酒肉山僧：山里吃荤的和尚。

姜

糟姜

姜一斤，不见水，不损皮，用干布擦去泥，社日^①前晒半干。一斤糟、五两盐急拌匀，装入罐。

【译】取一斤姜，不要沾水，不要损坏表皮，用干布擦去泥，在社日前晒至半干。用一斤糟、五两盐快速拌匀，装入罐中。

脆姜

嫩姜去皮，甘草、白芷^②、零陵香^③少许，同煮熟，切片。

【译】将嫩姜去皮，加入少许甘草、白芷、零陵香，一起煮熟，切片即可。

---

① 社日：古时春、秋两次祭祀土神的日子，一般在立春、立秋后第五个戊日。

② 白芷（zhǐ）：中药。味香。古人常用作调料。

③ 零陵香：中药。味香。古人常用作调料。

醋姜

嫩姜盐腌一宿，取卤①同米醋煮数沸。候冷入姜，量②加沙糖，封贮。

【译】将嫩姜用盐腌一夜，取卤汁同米醋同煮数次开锅。等放凉后加姜，加入适量的砂糖，封闭收贮。

糟姜

嫩姜勿见水，布拭去皮。每斤用盐一两、糟三斤，腌七日，取出拭净。另用盐二两、糟五斤拌匀，入别瓮。先以核桃二枚，捶碎，置罐底，则姜不辣。次入糟姜，以少熟栗末掺上，则姜无渣。封固收贮。如要色红，入牵牛花拌糟。

【译】嫩姜不要沾水，用布擦去皮。每斤姜用一两盐、三斤糟，腌制七天，取出擦净。另外用二两盐、五斤糟拌匀，加入别的坛中。先把两枚核桃捣碎，放在坛底，这样姜不会辣。再入糟姜，掺入不怎么熟的栗子末，这样姜就没有渣。封闭收贮。如果要姜颜色变红，就加入牵牛花来拌糟。

---

① 卤：腌姜的盐卤。

② 量：酌量、适量的意思。

茄

糟茄

诗①曰：

五（五斤）糟六（六斤）茄盐十七（十七两），一碗河水（四两）甜如蜜。作来如法收藏好，吃到来年七月七（二日即可吃）。

以霜天②小茄肥嫩者，去蒂③、萼④，勿见水，布拭净。入瓷盆如法拌匀，虽用手不许揉拿⑤。三日后茄作绿色，入罐。原糟水浇满，封⑥。月许可用。色翠绿味美，佳品也。

【译】顺口溜：五（五斤）糟六（六斤）茄盐十七（十七两），一碗河水（四两）甜如蜜。作来如法收藏好，吃到来年七月七（两天后就可以吃了）。

用深秋时节肥嫩的小茄，去掉茄子的蒂、萼，不要沾水，用布擦干净。放入瓷盆按照上述方法拌匀，不要用手乱揉乱翻。三天后茄子变成绿色，下入罐中。用原糟水浇满，

① 诗：指厨师编的"顺口溜"。

② 霜天：深秋时节。

③ 蒂：花或瓜果跟枝、茎相连的部分。

④ 萼（è）：花萼，在花瓣下部的一圈绿色小片。

⑤ 揉拿：乱揉乱拿的意思。

⑥ 封：封罐口。

封住罐口。一个月左右就可以食用了，颜色翠绿、味道鲜美，是非常好的食物。

蝙蝠茄

嫩黑茄笼蒸一炷香[1]，取出压干，入酱，一日取出。晾去水气，油炸过，白糖、椒末层迭装罐，将原油灌满。妙。

【译】将嫩的黑茄子放在笼中蒸一炷香的时间，取出压干，下入酱，一天后取出。晾去水气，用油炸过，一层茄子、一层白糖和椒末装入罐中，取炸茄子的油灌满。非常好吃。

囫囵肉茄

嫩大茄，留蒂，上头切开半寸许，轻轻挖出内肉，多少随意。以肉切作饼子料[2]，油、酱调和得法，慢慢塞入茄内。作好，迭入锅内，入汁汤烧熟，轻轻取起。茄不破而内有肉，奇而味美。

【译】将嫩而大的茄子，留蒂（不去蒂），在茄子上头切开半寸左右，轻轻挖出里面的茄肉，随意多少。切好肉

---

[1] 笼蒸一炷香：将茄子放在笼中蒸一炷香的时间。

[2] 饼子料：指肉馅。

馅，用油、酱调和得适当，慢慢塞入茄子内。做好，一层一层码入锅内，入汁汤烧熟，轻轻取起。茄子不破而里面有肉，味道非常好。

绍兴酱茄

麦一斗煮熟，摊七日，磨碎。糯米烂饭一斗、盐一斗同拌匀，晒七日。入腌茄，仍晒之。小茄一日可食，大者多日。

【译】将一斗麦煮熟，摊晾七天，磨碎。加入一斗糯米饭、一斗盐一同拌匀，在阳光下晒制七天。下入腌好的茄子，仍然晒制。个头小的茄子一天后就可以供食，大的需要晒制几天后才能供食。

蕈^①

香蕈粉^②

香蕈或晒或烘，磨粉，入馔内，其汤最鲜。

【译】将香蕈或者晒或者烘烤至干，再磨成粉，下入菜肴内，其汤最鲜。

熏蕈

南香蕈肥白者，洗净晾干，入酱油浸半日取出，阁^③稍干，掺茴、椒细末，柏枝^④熏。

【译】南香蕈选用大而白的，洗净后晾干，加入酱油浸泡半天后取出，放置得稍稍干，掺入茴香、花椒细末，用柏树枝熏制。

---

① 蕈（xùn）：生长在树林里或草地上的某些高等菌类植物，形状略像伞，种类很多，有许多是可以吃的。

② 香蕈粉：用香蕈磨成的粉，做作料，可以增加菜肴的鲜味。

③ 阁：同"搁"，放置的意思。

④ 柏枝：柏树之枝。

酱麻姑①

择肥白者，洗净蒸熟，甜酒娘、酱油泡醉②。美哉。

【译】麻菇选用大而白的，洗净后蒸熟，用甜酒曲、酱油、酒浸泡。非常好。

醉香蕈

拣净③，水泡，熬油，炒熟。其原泡水，澄去滓，仍入锅，收干取起，停冷④，以冷浓茶洗去油气，沥干，入好酒娘，酱油醉之。半月味透。素馔中妙品也。

【译】将香蕈拣净，用水浸泡，熬好油，将香蕈炒熟。将原泡香蕈的水澄去滓，再下入锅内，将汤收干后取起。等炒熟的香蕈冷却后，用凉的浓茶洗去香蕈的油气，沥干，加入好酒曲、酱油、酒浸泡香蕈。半月后味道就入透了。这是素食中非常好的菜肴。

---

① 麻姑：麻菇，是以麻为本人工培植的。以湖南浏阳出产的最为著名。形如雨伞，顶薄，柄细长，质细嫩。

② 醉：用酒浸泡食物。

③ 拣净：指将香蕈拣净。

④ 停冷：指等炒熟的香蕈冷却。

笋

笋粉

　　鲜笋老头差嫩①者，以药刀②切作极薄片，筛内晒干极，磨粉收贮。或调汤、或炖蛋、或拌肉内，供于无笋时，何其妙也。

　　【译】选用稍微老些的鲜笋，用切中药材的刀将笋切成很薄的片，在筛子内晒得极干，磨成粉收贮。或调汤、或炖蛋、或拌在肉内，供在没有笋的时候吃，非常妙。

带壳笋

　　嫩笋短大者，布拭净。每从大头挖至近尖③，以饼子料肉④灌满，仍切一笋肉塞好，以箬包之，砻糠煨热⑤。去外箬，不剥原枝⑥，装碗内供之。每人执一案，随剥随吃，味美而趣。

---

① 差嫩：欠嫩，即较老、不够嫩的意思。

② 药刀：切中药材用的刀。

③ 从大头挖至近尖：从粗的一头挖到接近尖子的地方，指将笋子掏空。

④ 饼子料肉：肉馅。

⑤ 煨热：煨熟。热，疑为"熟"之误。

⑥ 原枝：指将笋擦干净后原有的笋衣。

【译】选用短而大的嫩笋，用布擦干净。从粗的一头挖到接近尖子的地方（指将笋子掏空）。用肉馅灌满，再切一块笋将笋塞好，取笋的外衣包裹，用砻糠煨熟。去掉包裹的笋衣，不要剥去原有的笋衣，装入碗内供食。每人拿一碗，随剥随吃，味道鲜美而有趣。

熏笋

鲜笋肉汤煮熟，炭火熏干，味淡而厚。

【译】将鲜笋在肉汤里煮熟，用炭火熏干，味淡而醇厚。

生笋干

鲜笋去老头，两擘①，大者四擘，切二寸许，盐揉透，晒干。

【译】将鲜笋去掉老头，剖成两片。个头大的笋剖成四片，切成两寸左右，用盐揉透，晒干。

生淡笋干

鲜笋皮、尖，晒干瓶贮，不用盐，亦不见火。山僧法也。

---

① 两擘（bāi）：剖成两片。擘，同"掰"，分开的意思。

【译】选用鲜笋的皮、尖，晒干后装入瓶中收贮，不用盐，也不用火。这是山里僧人用的方法。

笋鲊①

春笋剥取嫩者，切一寸长、四分阔，上笼蒸熟。入椒、盐、香料拌，晒极干，入罐，量浇熟香油，封好。久用②。

【译】选用嫩的春笋剥好，切成一寸长、四分宽的块，上笼蒸熟。加入花椒、盐、香料拌匀，晒至非常干，装入罐中，酌量浇入熟香油，封好罐。可以长时间食用。

糟笋

冬笋勿去皮、勿见水，布拭净。以箸搠③笋内嫩节，令透。入腊香糟④于内，再以糟团笋外，大头向上入罐，泥封。夏用。

【译】冬笋不要去皮、不要沾水，用布擦干净。以筷子扎笋内的嫩节，要扎透。笋内加入腊月里做的香糟，再用糟将笋外抹好，将笋大头向上装入罐中，用泥封口。夏天的时候食用。

---

① 笋鲊（zhǎ）：腌笋。鲊，原指经过加工的鱼类食品，如腌鱼、糟鱼之类。

② 久用：可以长时间食用。

③ 搠（shuò）：扎；捅。

④ 腊香糟：腊月里做的香糟。

卜

醉罗卜①

线茎实心者，切作四条，线穿，晒七分干。每斤用盐四两，腌透，再晒九分干，入瓶捺实，八分满②。用滴烧酒浇入，勿封口。数日后，卜气发臭，臭过③作杏黄色，即可食，甜美。若以绵④包老香糟塞瓶上，更妙。

【译】选用实心的萝卜，切成四条，用线穿好，晒至七成干。每斤萝卜用四两盐，腌透，再晒至九成干，装入瓶中按实，只能八分满。浇入滴烧酒，不要封口。几天后，萝卜发出臭气。臭气散发完了，萝卜呈杏黄色，就可以吃了，口味甜美。如果用棉花包裹老的香糟塞住瓶口，更好。

腌水卜⑤

九月后，水卜细切片，水梨切片，停配。先下一撮盐于罐底，入卜一层，加梨一层，迭满。五六日发臭，七八日

① 罗卜：萝卜。

② 八分满：指萝卜装瓶只能八分满。

③ 臭过：臭气散发完了。

④ 绵：棉花。

⑤ 水卜：水萝卜。

臭尽。用盐、醋、茴香、大料煮水，候冷灌满^①。一月后取出，布裹捣烂^②。用以解酒，绝妙。

【译】九月以后，水萝卜细切片，水梨切片，切好搭配好。先下入一撮盐在罐底，加入水萝卜一层，再加梨一层，层层装满。五六天后有臭气散出，七八天后臭气散完。用盐、醋、茴香、大料煮水，凉后灌满罐子。一个月后取出，用布包裹捶烂。用来解酒，非常好。

---

① 灌满：指将用盐、醋、茴香、大料煮过的水灌满装水萝卜片及梨片的罐子。

② 捣烂：捶烂。

餐芳谱①

凡诸花及苗、叶、根与诸野菜药草，佳品甚繁。采须洁净，去枯、蛀、虫、丝，勿误食。制须得法，或煮或烹、燔、炙、腌、炸。

凡食芳品，先办汁料：每醋一大盅，入甘草末三分、白糖一钱、熟香油半盏，和成，作拌菜料；或捣姜汁加入；或用芥辣；或好酱油、酒娘；或一味糟油；或宜椒末；或宜砂仁，或用油炸。

凡花菜采得洗净，滚滚一焯即起，亟②入冷水漂半刻，抟③干拌供。则色青翠、脆嫩不烂。

【译】所有花及苗、叶、根与诸野菜药草，好食材很多。采摘时必须干净，去掉枯萎、虫蛀、有虫、带丝的，千万不要误食。制法须得当，或者煮，或者烹、烧、烤、腌、炸。

凡是品用花及苗、叶、根与诸野菜药草，须先调制汁料：每一大盅醋，加入甘草末三分、一钱白糖、半盏熟香油，调和好，作为拌菜的调料；或者加入捣姜汁；或者加入芥辣汁；或者加入好酱油、酒曲；或者加入一味糟油。也适

① 餐芳谱：关于吃花及苗、叶、根的菜谱。清代另一部菜谱《食宪鸿秘》中也列有"餐芳谱"一节。

② 亟（jí）：急切，快速。

③ 抟（tuán）：攥，把东西揉弄成球形。

宜加入花椒末；也适宜加入砂仁；或者用油炸。

凡是制作花及苗、叶、根与诸野菜药草等菜需要采摘后洗干净，在开水中略微焯一下马上捞出，快速放入冷水漂半刻钟的工夫，攥干水分拌着吃。菜品颜色青翠且脆嫩不烂。

牡丹花瓣①

汤焯可，蜜浸可，肉汁烩②亦可。

【译】可以用热水焯，可以用蜜浸泡，也可以用肉汁来烩。

兰花

可羹可肴③，但难多得耳。

【译】可以做羹汤，也可以做炒菜之类。但很难有更多的做法了。

---

① 牡丹花瓣：牡丹花瓣原是双行注文，说明其制法的。现为了清楚起见，将注文单行列在其下。其余诸花菜，一律同此。

② 肉汁烩：用肉汁来烩。

③ 可羹可肴：可以做羹汤，也可以做炒菜之类。

玉兰花瓣

面拖，油炸，加糖。先用爪一掐，否则炮①。

【译】将玉兰花瓣裹面糊，油炸，加糖蘸着吃。要先用手掐一下，花瓣老了就爆炒。

蜡梅

将开者，微盐拿过②蜜浸，点茶。

【译】马上就要绽开的蜡梅花，用少许盐抓一下，再用蜜浸泡，泡茶喝。

迎春花

热水一过，酱、醋拌供。

【译】将迎春花用热水焯过，加入酱、醋拌着吃。

萱花

汤焯，拌食。

---

① 此句疑有脱字。

② 微盐拿过：用很少的盐轻轻抓拌一下。

【译】将萱花用开水焯过，拌着吃。

萱苗①

春初苗苗②五寸以内，如笋尖未甚谿开者，著土摘下，初不碍将来花叶也③。汤焯拌供。肥滑甜美。佐以冬笋，风味佳绝。余名之曰"碧云菜"。

【译】选用开春的五寸以内的嫩苗，就像笋尖没有谿开的，带土摘（拔）下，在初生的时候，摘去萱草的嫩苗，是不影响它将来开花长叶的。用开水焯后拌着吃，味道肥滑甜美。佐以冬笋，风味更好。我给它起名为"碧云菜"。

甘菊苗

汤焯拌食。拖山药粉油炸，香美。

【译】将甘菊苗用开水焯过，拌着吃。蘸山药粉用油炸，味道更香更美。

---

① 萱苗：萱草之苗。

② 苗：草初生生长的样子。

③ 初不碍将来花叶也：在初生的时候，摘去萱草的嫩苗，是不影响它将来开花长叶的。

枸杞头

焯拌宜姜汁、酱油、微醋^①，亦可煮粥。冬食子^②。

【译】焯水后拌着吃宜加入姜汁、酱油、极少的醋，也可以煮粥。冬天食用枸杞子。

莼菜^③

汤焯急起，冷水漂，入鸡肉汁、姜、醋拌食。

【译】将莼菜用开水焯过快速捞起，用冷水过凉，加入鸡肉汁、姜、醋拌着吃。

野苋

焯，拌胜于炒食。胜家苋^④。

【译】将野苋焯水，拌着吃胜过炒着吃。野苋胜过人工种植的苋。

---

① 微醋：极少的醋。

② 冬食子：冬天食用"枸杞子"。枸杞子，为枸杞之果实。

③ 莼（chún）菜：又名"水葵"。睡莲科，水生宿根草本。叶片椭圆形，深绿色，浮于水面。嫩茎和叶背有胶状透明物质。

④ 家苋：人工种植的苋。

菱科

夏秋菜嫩者去叶、梗，取圆节，可焯可糟。野菜中第一品。

【译】夏、秋时节选用嫩的菱科去叶、梗，取用圆节，可焯水可糟。是野菜中的第一品。

野白荠

四时①采嫩头，生、熟可食。

【译】（略）

野罗卜

似卜而小，根、叶皆可食。

【译】（略）

蒌蒿

春初采心苗入茶最香，叶可熟食。夏、秋茎可作齑。

【译】初春时节采摘蒌蒿心苗入茶最香，叶可以做熟

---

① 四时：一年四季。

吃。夏、秋时节蒌蒿茎可做斋。

茉莉

嫩叶同豆腐爊①食，绝品。

【译】茉莉的嫩叶与豆腐一同爊制后食用，绝品。

鹅脚花

单瓣者可食，千瓣者伤人。焯、拌，亦可熬食。

【译】单瓣的鹅脚花可以吃，多瓣的鹅脚花吃后伤人。焯水拌食，也可以熬后吃。

金荳花

采豆汤荳，供茶香美。

【译】（略）

紫花儿

花、叶皆可食。

---

① 爊（āo）：同"熬"，煮。

【译】（略）

红花子①

采子，淘，去浮者，碓碎②。入汤泡汁，更捣更泡③。取汁煎滚，入醋点佳④。用绢挹之⑤，似肥肉。入素馔极佳。

【译】采红花子，淘洗干净，去掉浮起的，舂碎。加入热水浸泡，再舂再泡。取出汁煮开，在红花子汁中加入醋，使其凝固。用绢将凝固的红花子汁包紧，很像肥肉。放到素食中很好。

金雀花

摘花，汤焯，供茶；糖、醋拌，作菜甚精。

【译】摘金雀花，用开水焯过，泡茶；糖、醋拌着吃，做菜非常精。

---

① 红花子：红花的子。红花，菊科。一年生直立草本。

② 碓（duì）碎：舂碎。碓，舂谷的设备。

③ 更捣更泡：再舂再泡。

④ 入醋点佳：在红花子汁中加入醋，使其凝固。

⑤ 用绢挹（yì）之：用绢将凝固的红花子汁包紧。挹，通"抑"，抑制的意思。

金莲花

浮水面者，夏采叶，焯，拌。

【译】（略）

看麦娘

随麦生垄上，春采熟食。

【译】随着小麦生在麦垄上，春天采来做熟了吃。

狗脚迹

叶形似之，霜降采熟食。

【译】叶的形状像狗爪印，霜降时节采后做熟了吃。

斜蒿

三四月生，小者全采，大者摘头，汤焯，晒干。食时再泡，拌食。

【译】斜蒿在三四月生，小的采摘整个，大的只采摘蒿头，开水焯过，晒干。吃的时候再泡，拌着吃。

眼子菜

六七月采。生水泽中，青叶紫背，茎柔滑、细长数尺。焯，拌。

【译】眼子菜要六七月的时候采摘。它生长在水泽中，青叶紫背，茎柔滑、细长数尺。开水焯过，拌着吃。

地踏菜

一名"地耳"，春夏生雨中，雨后采。姜、醋熟食。日出即枯①。

【译】地踏菜也叫"地耳"，春、夏季生于雨中，雨后再采。用姜、醋做熟了吃。地踏菜太阳出来就蔫枯了。

窝螺荠

正二月采，熟食。

【译】（略）

---

① 日出即枯：地踏菜为日出即枯。

马齿苋

初夏采，汤焯晒干。冬用。

【译】（略）

马兰头

可熟，可齑，可焯，可生晒藏用。

【译】（略）

茵陈蒿

即"青蒿"。春采，和面作饼炊食。

【译】（略）

雁儿肠

二月生，如豆牙①菜。生熟皆可食。

【译】（略）

---

① 牙：这里同"芽"。

野茭白

初夏采。

【译】（略）

倒灌荠

熟食，亦可作齑。

【译】（略）

苦麻薹①

二月采。叶捣，和作饼，炊食。

【译】（略）

黄花儿

正二月采，熟食。

【译】（略）

---

① 薹（tái）：一种生在水田里，可制蓑衣的多年生草本植物。这里指苦麻的嫩茎。

野荸荠

四月时采，生、熟可吃。

【译】（略）

野绿豆

茎叶似而差小①，蔓生，生、熟可吃。

【译】（略）

油灼灼

生水边，叶光泽如油。生、熟皆可食，又可腌作干菜蒸吃。

【译】油灼灼生在水边，叶子光泽如油。生、熟都可以吃，也可以腌成干菜蒸着吃。

板荞荞

正二月采之，炊食。三四月不堪食矣。

【译】（略）

---

① 似而差小：这是和绿豆相比较而言的。

碎米荠

三月采，只可作菹。

【译】（略）

天藕

根似藕而小，炊食，拌料亦佳。叶不可食。

【译】天藕的根像藕但个头小，做饭吃，加调料拌着吃也非常好。天藕的叶子不能吃。

蚕豆苗

二月采，香油炒，下盐、酱煮，略加姜、葱。

【译】蚕豆苗要在二月时采，用香油炒，下入盐、酱煮制，略加些姜、葱。

苍耳菜

嫩叶，焯洗，姜、盐、酒、酱拌食。

【译】采苍耳菜的嫩叶，焯水，加入姜、盐、酒、酱拌着吃。

芙蓉花

采瓣，汤泡一二次，拌豆腐，略加胡椒，红、白可爱，且可口。

【译】采摘芙蓉花瓣，用开水浸泡一两次，拌豆腐吃，加少许胡椒，红、白可爱，而且可口。

葵菜

比蜀葵①丛②短而叶大。取叶，与作菜羹同法。

【译】葵菜比蜀葵的丛短而且叶子大。选取葵菜的叶子，与做菜羹的方法一样。

牛蒡子

十月取根，洗净，略煮，勿太熟。取起，捶扁压干。以盐、酱、莳萝、姜、椒、熟油诸料拌，浸，一二日收起，焙干，如肉脯法③。

① 蜀葵：别称一丈红、大蜀季、戎葵、吴葵、斗篷花等，为锦葵科蜀葵属二年生直立草本植物。原产中国四川，现在中国分布很广。嫩叶及花可食，皮为优质纤维，全株可入药。

② 丛：指全株植物的大小。

③ 如肉脯法：与制作肉脯的方法一样。

【译】十月的时候选取牛蒡的根，洗干净，略煮，不要太熟。取出，捶扁压干。用盐、酱、莳萝、姜、花椒、熟油等调味料拌匀，浸泡，一两天后收起，烤干。与制作肉脯的方法一样。

槐角叶

嫩叶拣净，捣取汁，和面，加酱作熟齑。

【译】将槐角叶的嫩叶挑拣干净，捣碎取汁，和面，加入酱做成熟齑。

椿根

秋前采。捣罗①和面切条，清水煮食。

【译】（略）

凋菰米②

即"胡穄"也。晒干，舂，洗。造饭香不可言。

---

① 捣罗：指将椿根捣碎后用筛罗筛出细粉。

② 凋菰米：又称"雕胡米"。

【译】凋菰米就是胡穄。晒干，去壳，淘洗干净。蒸饭香得不知怎么说好。

锦带花

采花作羹，柔脆可食。

【译】（略）

东风荠

采一二升，洗净，入淘米三合①、水三升、生姜一芽（头捶碎②），同入釜和匀，面上浇麻油一蚬壳③，再不可动，动则生油气。煮熟，不着些盐、醋④。若知此味，海味、八珍皆可厌也。此"东坡羹"也。即述东坡语。

【译】采一两升的东风荠，洗干净，放入三合淘过的米、三升水、一芽生姜（要将生姜的头捶碎），一同入釜内调和均匀，面上淋入一蚬壳麻油，再不可以动了，动就要生油气。煮熟，不要放盐、醋。如果知道此菜的味道，海味、

① 入淘米三合：放入淘过的米三合。合，十分之一升。

② 头捶碎：将生姜的头捶碎。

③ 蚬（xiǎn）壳：蚬的壳子。蚬，软体动物，和文蛤同类，壳外褐色，肉紫色，肉可吃。

④ 不着些盐、醋：不放一点盐、醋。

八珍都可以不吃了。这就是"东坡羹",是苏东坡说的。

玉簪花

半开蕊,分作三四片。少加盐、白糖,入面调匀,拖花①煎食。

【译】选取半开的玉簪花蕊,分成三四片。少加盐、白糖,用面调匀(做成面糊),将花瓣蘸满面糊,煎着吃。

栀子花

半开蕊,凡水②焯过,入细葱丝,茴、椒末,黄米饭,研烂,同盐拌匀,腌压半日食之。或用凡(水)焯过,用白糖和蜜入面,加椒、盐少许,作饼煎食,亦妙。

【译】选取半开的栀子花蕊,用矾水焯过,加入细葱丝、茴香和花椒末、黄米饭,研烂,与盐拌匀,将栀子花蕊腌压半天就可以吃了。或用矾水将栀子花蕊焯过,用白糖和蜜入面,加椒、盐少许,做成饼煎了再吃,也很好。

---

① 拖花:指将花瓣在面糊中"过"一下,使面糊粘满花的表面。

② 凡水:疑为"矾水"之误。下文"凡"亦疑为"矾"之误,且后面脱一"水"字。

藤花

搓洗干，盐汤、酒拌匀，蒸熟，晒干。留作食馅子甚美，腥用①亦佳。

【译】将藤花搓洗干净，用热盐水、酒拌匀，蒸熟，晒干。留着当馅料吃更美，与肉一并做馅料也很好。

江荠

生腊月，生、熟皆可食。花时②但可作齑。

【译】（略）

商陆③

采苗、茎，洗净，熟蒸，加盐料。紫色者味佳。

【译】采商陆的苗、茎，洗净，蒸熟，加入盐和调料。紫色的商陆味道好。

---

① 腥用：荤用，这里指与肉一并做馅料。

② 花时：开花时。

③ 商陆：商陆科。多年生粗壮草本植物。根肥厚，肉质，圆锥形。叶卵圆形，全缘。夏秋开花，花白色，总状花序。浆果扁球形，紫黑色，果序直立。产于我国和日本，野生或栽培。根俗称"章柳根"，含商陆毒素等。

牛膝 ①

采苗，如剪韭法，可食。

【译】（略）

防风 ②

采苗可作菜，汤焯，料拌。极去疯③，芽如胭脂可爱④。

【译】采防风苗可以做菜，用开水焯过，加调料拌着吃。有很好的祛风功效，防风之芽的色彩像胭脂一样红艳可爱。

苦益菜

即胡麻。嫩叶作羹，脆滑大甘。

【译】（略）

---

① 牛膝：也称"怀牛膝"，苋科。多年生草本植物。中医药上以其根入药。另外，土牛和川牛膝的根亦可入药。

② 防风：一种属于伞形科的多年生草本植物。中医学上以其根入药。

③ 去疯：祛风。防风的主要功效是发汗、祛风、止痛及解痉。这里的"疯"疑为"风"之误。

④ 芽如胭脂可爱：指防风之芽的色彩像胭脂一样红艳可爱。

芭蕉①

根粘者为糯蕉，可食。取根切作大片，灰汁②煮熟，清水漂数次，去灰味尽，压干。以熟油、盐、酱、茴、椒、姜末研拌，一二日取出，少焙③，敲软，食之全似肥肉。

【译】根黏的是糯蕉，可以食用。取根切成大片，用稻草灰汁煮熟，在清水里漂数次，将灰味去净，压干。用熟油、盐、酱、茴香、花椒、姜末研拌均匀，一两天后取出，稍微烘一下，敲软，吃时感觉跟吃肥肉一样。

水菜

状似白菜。七八月间，生田头水岸，丛聚，色青。焯、煮俱可。

【译】形状像白菜。七八月的时候，在田间地头、池塘边生长，聚集一起，颜色青。焯、煮都可以。

---

① 芭蕉：也称"水芭蕉"。芭蕉科。高大、直立草本植物，根、茎呈块状，叶长而宽大，花后结香蕉式的果实，但不能食用。

② 灰汁：估计为稻草灰汁。

③ 少焙：稍微烘一下。

松花蕊①

去赤皮，取嫩白者蜜渍②之。略煮，令蜜熟，勿太熟。极香脆。

【译】将松花蕊去掉红皮，取嫩而白的用蜜浸泡。略煮，煮熟，不要熟过了。非常香脆。

白芷③

嫩根，蜜浸，糟、藏皆可。

【译】（略）

天门冬芽④

水藻芽

荇菜芽⑤

---

① 松花蕊：松花之蕊。

② 渍：浸。

③ 白芷（zhǐ）：多年生草本植物，夏天开花，白色。根可入药。

④ 天门冬芽：天门冬之芽。天门冬是一种属于百合科的多年生蔓草植物，以根入药，根呈纺锤形。天门冬简称天冬。

⑤ 荇（xìng）菜芽：荇菜之芽。荇菜，多年生水草，夏天开花，黄色，茎可吃。

蒲芦芽①

以上俱可焯、拌熟食。

【译】（略）

水苔

春初采嫩者漂净，石压。焯、拌，或油炒，酱、醋俱宜。

【译】春初的时候采嫩的水苔漂洗干净，用石压。焯水、拌或用油炒，加酱、醋调味都很适宜。

灰苋菜②

熟食，炒、拌俱可，胜家苋。火证者宜之③。

【译】做熟后吃，炒、拌都可以，胜过家（种植）苋。具有中医上所说的"火证"的人适合吃它。

---

① 蒲芦芽：蒲芽及芦芽。蒲芽，蒲草（香蒲）之芽，极鲜嫩。芦芽，芦苇的嫩芽，似笋而小，亦称"芦笋"。

② 灰苋菜：一种野生的灰色苋菜。

③ 火证者宜之：具有中医上所说的"火证"的人适合吃它。火证，指火邪所致病证，有内外之分。

凤仙花梗

汤焯，加微盐，晒干，可留年余。以芝麻拌供。新者可入茶。最宜拌面筋。炒食、熬豆腐、素菜无一不可。

【译】将凤仙花梗用开水焯过，加少许盐，晒干，可以储存一年左右。用芝麻拌好吃，新鲜的凤仙花梗可以入茶。凤仙花梗最适合拌面筋，炒着吃、熬豆腐、素菜没有不可以的。

蓬蒿

二三月采嫩头，洗净，加盐少腌，和粉作饼。香美。

【译】二三月的时候采摘蓬蒿的嫩头，洗干净，加盐腌一会儿，和入面粉做成饼。味道香美。

鹅肠草

焯熟，拌食。

【译】（略）

鸡肠草

即钟子。蒂、花、根焯，拌食。

【译】（略）

绵絮头

色淡白，软如绵。生田埂上，和粉作饼。

【译】（略）

荞麦叶

八九月采嫩叶，熟食。

【译】（略）

果之属

青脆梅

青梅（必须小满①前采，总不许犯手②，此最要诀③），以箸去仁④，筛内略干⑤。每梅三斤十二两，用生甘草末四两、盐一斤（炒，待冷）、生姜一斤四两（不见水，捣碎）、青椒三两（旋摘⑥，晾干）、红干椒半两（拣净），一齐炒拌。用木匙抄入小瓶。先留些盐掺面，用双层油纸加绵纸紧扎瓶口。

【译】选取青梅（必须在小满前采摘，一直不能用手触碰青梅，这是最重要的），用筷子去掉青梅的仁子，将青梅放在筛子内，使其稍稍变干。每三斤十二两的梅，要用四两生甘草末、一斤盐（炒过，放凉）、一斤四两生姜（不要沾水，捣碎）、三两青椒（刚摘的，晾干）、半两红干椒（拣干净），一齐炒拌。用木勺将炒好的青梅盛入小瓶。先留一些盐掺入白面封住瓶口，再用双层油纸加绵纸紧扎瓶口。

① 小满：二十四节气之一。约在每年五月二十一日前后。

② 犯手：用手触碰。

③ 要诀：窍门的意思。

④ 以箸去仁：用筷子去掉仁子。

⑤ 筛内略干：将青梅放在筛子内，使其稍稍变干。

⑥ 旋摘：刚摘。

（青脆梅）又法

矾水浸透粗麻布二块。先用炒盐纳①锡瓶底，上加矾布一块。以箸取生青梅放入，上以矾布盖好，以盐掺面封好。此法虽不能久②，然盛夏极热时，取以供客，有何不可。

【译】用矾水浸透两块粗麻布。先用炒盐放在锡瓶底，盐上面加矾布一块。再用筷子夹生青梅放入瓶内，青梅上面用矾布盖好，用盐掺入白面封住瓶口。用这种方法制作的"青脆梅"虽然不能久藏，但是在盛夏极热的时候，取出来给客人吃，有什么不可以呢。

橙饼

大橙子，连皮切片，去核捣烂，绞汁。略加水，和白面少许熬之。急朵熟③，加白糖。急朵入瓷盆，冷切片。

【译】选取大橙子，带皮切成片，去核并捣烂，绞汁。加少许水，和少许白面熬制。赶快将橙饼面熬熟，加入白糖。赶快将橙饼放入瓷盆，凉后切成片。

养小录

119

---

① 纳：放的意思。

② 此法虽不能久：用这种方法制作的"青脆梅"虽然不能久藏。

③ 急朵熟：赶快将橙饼面熬熟。朵，用手提东西的意思。

藏桔

松毛^①包桔入罐，三四月不干。绿豆藏桔亦可久。

【译】用松针包橘子装入罐中，三四个月都不会干。用绿豆储藏橘子也可以时间长久。

山楂饼

同"橙饼"法，加乌梅汤少许，色红可爱。

【译】做山楂饼的方法与做"橙饼"的方法一样，加入少许乌梅汤，色红且可爱。

假山楂饼

老南瓜，去皮、去瓤，切片，和水煮极烂。剁匀煎浓。乌梅汤加入，又煎浓。红花汤^②加入，急剁。趁湿加白面少许，入白糖。盛瓷盆内，冷切片。与"楂饼"无二^③。

【译】选取老南瓜，去皮、去瓤，切成片，加水煮到很烂。将瓜剁匀，再熬至浓。加入乌梅汤，再熬至浓。加入红

---

① 松毛：松针。

② 红花汤：红花烧的汤汁。红花，菊科。一年生直立草本。花呈橘红色，可以入药，也可做染料。

③ 与"楂饼"无二：与"山楂饼"（的做法）没有两样。

花汤，急剁。趁湿加入少许白面，加入白糖。盛到盆内，凉后切成片。与"山楂饼"（的做法）没有两样。

醉枣

拣大黑枣，用牙刷刷净，入腊酒娘浸，加真烧酒一小杯，瓶贮，封固。经年不坏。

【译】挑选大黑枣，用牙刷刷干净，加入腊酒曲浸泡，加入一小杯真烧酒，在瓶内贮藏，封闭严实。几年都不会坏。

梧桐豆

梧桐子，一炒，以木槌捶碎。拣去壳，入锅①，加油、盐，如炒豆法，以银匙取食，香美无比。

【译】挑选梧桐子，炒过，再用木槌捶碎。拣去壳，将拣净的梧桐子仁入锅，加油、盐，像炒豆一样炒制，用银勺取出食用，香美无比。

---

① 入锅：将拣净的梧桐子仁入锅。

樱桃法

大熟樱桃，去核，白糖层叠①，按实瓷盆②。半日倾出糖汁，沙锅煎滚，仍浇入③。一日取出，铁筛上加油纸摊匀，炭火焙之，色红，取下。大者两个让④一个（让，套入也），小者三四个让一个，晒干。

【译】需用大的熟的樱桃，去掉核，一层白糖，一层樱桃，层层叠起，在盆中按紧。半天后倒出盆中的糖汁，用砂锅把糖汁煮开，仍然浇入盆中。一天后取出，在铁筛上加油纸并摊匀，用炭火烤，樱桃颜色红了，就取下。大的樱桃两个酿一个，小的樱桃三四个酿一个，在阳光下晒干。

蜜浸诸果⑤

浸诸果，先以白梅汁拌，以提净上白糖加入，后加蜜，色鲜，味不走，久不坏。

【译】浸渍各种果子时，先用白梅汁拌匀，用提净法加入白糖，再加入蜜，颜色鲜亮，味道不丢失，长期不会坏。

---

① 白糖层叠：一层白糖，一层樱桃，层层叠起。

② 按实瓷盆：将白糖、樱桃在瓷盆中按紧。

③ 仍浇入：仍然浇入瓷盆中。

④ 让：同"酿"或"瓤"，一物套一物的意思。

⑤ 诸果：诸种果子。

桃参

好五月桃，饭锅炖，取出，皮易去。食之大补。

【译】选取好的五月桃，用饭锅炖制，取出，桃皮容易去掉。食用后对身体大补。

桃干

半生桃，蒸熟，去皮、核。微盐掺拌，晒过。再蒸再晒。候干，白糖层叠，入瓶封固，饭锅炖三四次。佳。"李干"同此法。

【译】选用半生的桃，蒸熟，去皮、核。用少许盐掺拌，晒过。再蒸再晒。等桃干后，一层白糖，一层桃，层层叠起，入瓶，封闭瓶口，用饭锅炖三四次。（这样效果）最好。制作"李干"与这种方法相同。

腌柿子

秋柿半黄，每取百枚，盐五六两，入缸腌下。入春取食，能解酒。

【译】选用半黄的秋柿，每取一百枚，加入五六两盐，一并入缸腌渍。入春后取来食用，可以解酒。

酥杏仁

杏仁泡数次，去苦水。香油炸浮[1]，用铁丝杓捞起，冷定。脆美。

【译】杏仁泡水数次，去掉苦味。将杏仁在油中炸得浮起，用铁丝漏勺捞起，放凉。味道脆美。

素蟹

核桃击碎，勿令散。菜油炒，入厚酱、白糖、砂仁、茴香、酒少许烧之。食者勿以壳轻弃[2]。大有滋味在内，愈舔[3]愈佳。

【译】将核桃敲碎，不要让它散开。用菜油炒制，加入厚酱、白糖、砂仁、茴香、酒少许进行烧制。食客不要因为有核桃壳而轻易放弃品尝的机会。核桃里面大有滋味，越品味道越好。

---

① 浮：指杏仁在油中炸得浮起。

② 勿以壳轻弃：不要因为有核桃壳而轻易放弃品尝的机会。

③ 舔：细细品味的意思。

天茄儿

盐焯、糖制①，俱供茶。酱、醋焯拌，过粥②尤佳。

【译】将茄子用盐汤焯过，再用糖腌制，可以作为喝茶时的闲食。将焯过的茄子用酱、醋拌后，可以作为吃粥的小菜，非常好。

桃漉

烂熟桃，纳瓮，盖口。七月，漉③去皮核。密封二十七日，成醋。香美。

【译】选用烂熟桃，放入坛中，盖好坛口。七月的时候，将桃汁过滤一下，去掉桃子的皮、核。密封二十七天后，醋就做好了。味道香美。

藏桃法

午日，煮麦面粥糊，入盐少许，候冷入瓮。以半熟鲜桃纳满瓮内，封口。至冬月如生。

---

① 盐焯、糖制：将茄子用盐汤焯过，再用糖腌制。

② 过粥：将焯过的茄子用酱、醋拌后，可以作为吃粥的小菜。

③ 漉（lù）：这里是滤的意思。将桃汁过滤一下，去掉桃子的皮、核。

【译】中午的时候，用麦面熬制粥糊，加入少许盐，放凉后装入坛中。用半熟的鲜桃装满坛内，封闭坛口。到了冬天还像新鲜的一样。

杏浆

熟杏研烂，绞汁，盛瓷盘，晒干，收贮。可和水饮，又可和面作饼。"李"同此法。

【译】将熟杏研烂，绞汁，盛入瓷盘，晒干，收贮。可以加水调和做饮料，也可以加白面调和做饼。"李浆"与此法相同。

盐李

黄李盐挼①，去汁。晒干，去核。复晒干。用时以汤洗净，供酒佳。

【译】将黄李用盐揉搓，去汁。晒干，去核。再晒干。食用时用热水将盐李洗净，下酒非常好。

---

① 挼（ruó）：揉搓的意思。

糖杨梅

每三斤，用盐一两，腌半日。重汤浸一夜，控干。入糖二斤，薄荷叶一大把，轻手拌匀，晒干收贮。

【译】每三斤杨梅，用一两盐，腌渍半天。用开水浸泡一夜，控干。加入两斤糖、一大把薄荷叶，轻轻拌匀，晒干后收贮。

杨梅生

腊月水，同薄荷一握、明矾少许入瓮。投浸枇杷、林檎、杨梅，颜色不变，味凉可食。

【译】用腊月水，同一握薄荷、少许明矾装入坛中。投入枇杷、林檎、杨梅浸渍，颜色不变，味凉好吃。

栗子

炒栗先洗净，入锅，勿加水，用油灯草三根，圈^①放面上。只煮一滚^②，久焖^③，甜酥易剥。熟栗风干，栗糟食，

---

① 圈：指将油灯草围成圆形。

② 只煮一滚：原文如此，前说"勿加水"，这里"只煮一滚"，前后矛盾。

③ 焖：指不揭开盖子焖。

甚佳。

【译】将炒好的栗子先洗干净，入锅，不要加水，用三根油灯草，围成圆形放在表面上。只煮一开，长时间焖，栗子甜、酥、易剥。熟栗风干，栗糟着吃，很好。

地梨

带泥封干，剥净，糟食，下酒至品也。

【译】将地梨带泥封干，剥净，糟着吃，是下酒的好食物。

卷之下

嘉肴篇

总论

竹垞朱先生[1]曰：凡试庖人手段，不须珍异也[2]。只一肉、一菜、一腐[3]，庖之抱蕴[4]立见矣。盖三者极平易，极难出色也。又云：每见荐庖人者，极赞其能省约。夫庖之能惟省约[5]，又焉用庖哉。愚[6]谓省费省料尤之可也，甚而省味不可言也。省鲜鱼而以馁者供，省鲜肉而以败者供，省鲜酱、鲜笋、蔬而以宿者供，旋而鲜者且馁且败且宿矣。况性既好省，则必省水省洗濯矣，省柴火候[7]矣，赠以别号[8]，非省庵即省斋，作道学先生[9]去。

凡烹调用香料，或以去腥，或以增味，各有所宜。用不

---

① 竹垞朱先生：指朱彝尊（公元1629—1709年），其字锡鬯（chàng），号竹垞（chá），浙江秀水人。为清代著名文学家。相传他著过名叫《食宪鸿秘》的菜谱。

② 不须珍异也：不需要让厨师做奇珍异味。

③ 一肉、一菜、一腐：一道肉类菜、一道蔬菜、一道豆腐菜。

④ 抱蕴：这里为水平之意。

⑤ 夫庖之能惟省约：厨师的本领只在节省上。能，能力；才干；本事。惟，单；只。

⑥ 愚：自称的谦词。

⑦ 疑在"火候"前脱一"省"字。

⑧ 别号：名和字以外另起的称号。

⑨ 道学先生：过分地拘执和迂腐的人。道学，原指宋儒的哲学思想，后用作理学的同义语。

得宜，反以拗味①。今将庖人口中诗赋②，略书于左③，盖操刀而前，亦少不得一只引子。

【译】朱彝尊说：凡是考验厨师技术的方法，不需要让厨师做奇珍异味。一道肉类菜、一道蔬菜、一道豆腐菜，厨师的水平马上就可以看出来。这三道菜的食材很平常，很难能做好。又说：曾经遇到举荐厨师的，夸他很能节省。如果厨师的本领只在节省上，又怎么能做出好菜呢。我认为省钱省料是可以的，然而省味不行。节省鲜鱼而用腐败的鱼，节省鲜肉而用腐败的肉，节省鲜酱、鲜笋、新鲜蔬菜而用过夜的菜蔬，很快新鲜的食材也会变成过夜或者腐败变质的。如果生性节省，一定会省水省洗，省柴省火候的，赠他个绰号，不是省庵就是省斋，做过分的拘执和迂腐的人去。

凡是烹调时使用香料，有的去腥，有的增味，各有所用。使用不得当，反倒违反调味的习惯，造成不好的味道。现在将流传于厨师口中的"顺口溜"，简单写在后面，在写（此）文之前，也少不得一个引子。

---

① 拗（ào）味：违反调味的习惯，造成不好的味道。拗，违逆。

② 庖人口中诗赋：流传于厨师口中的诗赋。诗赋，这里实际指一些"顺口溜"。

③ 左：以前书籍的字竖排，故曰"左"。现在横排，则要说"下"了。

荤大料

官桂①良姜荜拨②，陈皮草蔻③香砂（砂仁也）。

茴香各两定须加④，二两川椒拣罢。

甘草粉儿两半，杏仁五两无空⑤。

白檀⑥半两不留查，蒸饼为丸弹大⑦。

【译】官桂、良姜、荜拨、陈皮、豆蔻、香砂（即砂仁）、茴香每种各用一两，二两川椒（挑选干净），一两半甘草粉儿，五两杏仁（不能缺），半两白檀（不留渣滓），将上述各种香料拌和在一起，像做蒸饼一样，做成如同丸弹一样大小。

① 官桂：一种质量较优的桂皮，味香辛。既能做药用，也能当调料。

② 荜拨：一作"荜茇"。胡椒科。多年生藤本。其干燥果穗性热。味辛，既可入药，也可做调料。

③ 草蔻（kòu）：豆蔻。姜科，多年生常绿草本。其种子味辛，性温，能入药，亦可做调料。

④ 茴香各两定须加：茴香以及以上六种香料每种各用一两，是制作"荤大料"时必须加入的。

⑤ 无空：不能缺。

⑥ 白檀：檀香。檀香科。木材极香，刨片入药，味芳香，健胃剂。也可做调料。

⑦ 蒸饼如丸弹大：将上述各种香料拌和在一起，像做蒸饼一样，做得如同丸弹一样大小。

减用大料

马芹（即芫荽^①）荜拨小茴香，更有干姜官桂良。

再得莳萝^②二椒（胡椒、花椒也）共，水丸弹子^③任君尝。

【译】马芹、荜拨、小茴香、干姜、官桂、莳萝、胡椒、花椒，将上述各种香料研末，用水调和，做成弹子大小的丸子。随您吃。

素料

二椒配着炙干姜^④，甘草莳萝八角香。

芹菜（即芫荽）杏仁俱等分，倍加榧肉^⑤更为强。

【译】胡椒、花椒、（炮制过的）干姜、甘草、莳萝、八角、芫荽、杏仁这些调料都是等量，再加上一倍于芫荽等的榧子肉更好。

---

① 芫荽：俗叫"香菜"，又名"胡荽"。一年生草本植物。花白色，果实球形，有香气，可以制药和做香料。嫩的茎、叶可以吃。

② 莳萝：亦称"土茴香"。伞形科。多年生草本。原产欧洲南部。我国有栽培。果实可以提芳香油，亦可入药，也能当调料。

③ 水丸弹子：（将上述各种香料研末）用水调和，做成弹子大小的丸子。

④ 二椒配着炙干姜：胡椒、花椒，再配上炮制过的干姜。炙，烤。

⑤ 倍加榧肉：再加上一倍于芫荽等的榧子肉。

鱼之属

鱼鲊^①

大鱼一斤，切薄片，勿犯水，用布拭净（生矾泡汤，冷定浸鱼。少顷沥干，则紧而脆）。夏月用盐一两半，冬月一两，腌食顷，沥干。用姜、桔丝、莳萝、葱、椒末拌匀。入瓷罐按实。箬盖^②，竹签十字架定^③，覆罐^④控卤尽，即熟。

【译】一斤大鱼，切成薄片，不要沾水，用布擦拭干净（用生矾泡汤，凉后浸泡鱼，一会儿捞出沥干，鱼肉又紧又脆）。夏天用一两半盐，冬季用一两。腌渍一会儿沥干水分，用姜、橘丝和莳萝、葱、花椒末拌匀，放入瓷罐按实。用竹签十字架形定好，盖上箬竹叶，将罐倒扣过来把卤控完，鱼就熟了。

---

① 鲊（zhǎ）：指腌鱼、糟鱼等可以久藏的食物。腌制鱼鲊的调味品，不同的时代、不同的地区均有所不同。

② 箬（ruò）盖：用箬叶将罐口盖好。

③ 竹签十字架定：上面用竹签摆成十字形将箬叶撑住。

④ 覆罐：将盛鱼肉的罐子倒过来放，以使腌鱼的卤汁透过"箬盖"流出。

湖广鱼鲊法 [1]

大鲤鱼治净 [2]，细切丁香块。老黄米炒燥，辗粉，约半升；炒红面 [3]，辗末，升半。和匀 [4]。每鱼块十斤，用好酒二碗，盐一斤（夏月盐一斤四两），拌腌瓷器 [5]。冬半月、春夏十日取起。洗净，布包，榨十分干。用川椒二两、砂仁二两、茴香五钱、红豆五钱、甘草少许，共为末。麻油一斤半、葱白一斤，预备米面末 [6] 一升，拌和入罐，用石压紧。冬半月、夏七八日可用。用时再加椒料、米醋为佳。

【译】大鲤鱼整治干净，切成丁香块。将老黄米炒干燥，碾出大约半升的米粉；炒红曲碾成末，取一升半。将黄米粉及红曲粉和匀。每十斤鱼块，用两碗好酒、一斤盐（夏季一斤四两盐）在瓷器中拌和、腌制。冬季半个月、夏春季十天即可取起，洗干净，将布包榨得十分干。用二两小椒、二两砂仁、五钱茴香、五钱红豆、甘草少许，一并研成末。用一斤半麻油、一斤葱白、一升事先准备好的黄米、红曲

---

① 湖广鱼鲊法：此菜亦见明代高濂《饮馔服食笺》等菜谱，叫"湖广鲊法"，但内容基本相同。

② 治净：整治干净。

③ 红面：为"红曲"之误。《遵生八笺》中即为"红曲"。

④ 和匀：将黄米粉及红曲粉拌和均匀。

⑤ 拌腌瓷器：在瓷器中拌和、腌制。

⑥ 预备米面末：事先准备好的黄米、红曲末。面，为"曲"之误。

末，拌和入罐，用石板压紧。冬天半个月、夏季七八天即可食用。用的时候再加些花椒、米醋更好。

鱼饼

鲜鱼，取脅^①不取背（去皮、骨）；肥猪，取膘不取精。膘四两、鱼一斤、十二个鸡子清。鱼也剁，肉也剁，鱼肉合剁烂^②，渐入鸡子清。凉水一杯，新慢加急剁成^③。锅先下水，滚即停^④将刀挑入锅中烹，笊篱取入凉水盆。斟酌汤味下之^⑤，囫囵^⑥吞。

【译】将鲜鱼取肚上的肉不用背脊（去皮、去骨）；肥猪取肥肉不要瘦肉。取四两肥肉、一斤鱼、十二个鸡蛋清。鱼也剁，肉也剁，将剁过的鱼、肉，再合在一起剁烂，一点一点地加入鸡蛋清。一杯清水边慢慢加入，边快速把鱼肉茸剁成。锅里先下水，烧开后就停火，用刀将鱼肉泥挑进锅中煮熟，用笊篱取出放进凉水盆。另行制汤，将汤的味道调配

---

① 脅（xié）：古同"胁"，一般指从腋下到肋骨尽处的部分，这里指鱼肚。因其肉较嫩。

② 鱼肉合剁烂：将剁过的鱼、肉，再合在一起剁烂。

③ 新慢加急剁成：疑为重新由慢到快迅速将鱼肉茸剁成之意。

④ 停：停火。

⑤ 斟酌汤味下之：另行制汤，将汤的味道调配好，再将鱼饼放入。

⑥ 囫（hú）囵（lún）：整个的，完全不缺。

好，再将鱼饼放入，整个吃。

冻鱼

鲜鲤鱼切小块，盐腌过，酱煮熟，收起。用鱼鳞同荆芥①煎汁澄去渣，再煎汁，稠，入鱼，调和得味，锡器密盛，悬井中冻就。浓姜、醋浇。

【译】将鲜的鲤鱼切成小块，用盐腌过，在酱汤里煮熟后捞出来。用鱼鳞同荆芥熬汁，熬好后澄去渣滓，再煮汁，汁煮稠后，把鱼放进去搅拌，调和出味，盛入锡器并密闭，悬挂到井里冻起来。吃时，用浓姜、醋汁浇。

鲫鱼羹

鲜鲫鱼治净，滚汤焯熟。用手撕碎，去骨净。香蕈、鲜笋切丝，椒、酒下汤。

【译】将鲜鲫鱼整治干净，在开水中焯熟。将鱼用手撕碎，把鱼骨去干净。将香蕈、鲜笋切丝，加入花椒、酒做成汤。

---

① 荆芥：属于唇科的一年生草本植物。通常做药用。古人有时也做调料用。

酥鲫

大鲫鱼治净，酱油和酒浆，入水，紫苏叶①大撮、甘草些少②，煮半日。熟透，骨酥味美。

【译】大鲫鱼洗干净，加入酱油和酒浆后，入锅，再加入一把紫苏叶、少许甘草，煮半天。鱼熟透，骨酥味道美。

酒发鱼

大鲫鱼，净，去鳞、眼、肠、腮③及鳍尾④，勿见生水。以清酒脚洗，用布抹干。里面以布扎箸头，细细搜抹净。用神曲⑤、红曲、胡椒、茴香、川椒、干姜诸末各一两，拌炒盐二两，装入鱼腹，入罐，上下加料一层，包好泥封。腊月造，下灯节⑥后开，又翻一转，入好酒浸满，泥封。至四月方熟，可用。可留一二年。

---

① 紫苏叶：紫苏之叶，简称苏叶。紫苏是一种属于唇形科的一年生草本植物。通常做药用。

② 些少：少许之意。

③ 腮：这里同"鳃"。

④ 鳍（qí）尾：鱼鳍及鱼尾。鳍，鱼类的运动器官，由薄膜和硬刺构成。

⑤ 神曲：是在炎夏伏天由青蒿、苍耳、辣蓼三药榨取自然汁，加入杏仁泥、赤小豆粉及白面粉三物，经过发酵后制成的。又名"六神曲"，有帮助消化等作用。

⑥ 下灯节：农历正月十八日为下灯节。有些地方称之为"落灯节"。

【译】大鲫鱼洗净，去净鳞、眼、肠、鳃及鳍尾，不要沾生水。用清酒底子洗鱼，用布抹干。用布裹住筷子头，将鱼肚里面细细抹净。用神曲、红曲、胡椒、茴香、川椒、干姜等末各一两，拌入二两炒盐，装进鱼肚，将鱼入罐，鱼的上下均加料一层，包好用泥封闭。腊月做最好，正月十八后打开，将鱼翻一个身，再加入好酒浸满用泥封闭。到了四月就熟了，拿出来可以食用。能存放一两年。

爨^①鱼

鲜鱼去皮骨，切片。干粉揉过，去粉，葱、椒、酱油、酒拌和，停顷。滚汁汤爨出，加姜汁。

【译】鲜鱼去皮、骨，切成片。用干粉揉过，去粉，加入葱、花椒、酱油、酒拌和，稍腌一会儿，在开水中汆后捞出，加姜汁吃。

炙鱼^②

鲚鱼^③新出水者，治净。炭火炙十分干，收藏。

---

① 爨（cuàn）：原有烧火煮饭之意，这里有汆的意思。

② 炙鱼：烤鱼。

③ 鲚（jì）鱼：刀鱼。古称"鱼曹""列鱼""鲚"。

【译】选取刚出水的刀鱼，整治干净。用炭火烤得非常干，收藏起来。

暴腌糟鱼

腊月，鲤鱼治净，切大块，拭干。每斤用炒盐四两擦过，腌一宿，洗净晾干。用好糟一斤，加炒盐四两拌匀。装鱼入瓮，纸箸包^①，泥封。

【译】腊月的时候，将鲤鱼整治干净，切成大块，擦干水分。每斤鱼用四两炒盐擦过，腌一夜，洗净后晾干。用一斤好糟，加入四两炒盐拌匀。将鱼装入坛中，用纸及竹箸包住坛口，用泥封闭严实。

蒸鲋鱼

鲋鱼，去肠不去鳞，用布抹血水净。花椒、砂仁、酱，擂^②碎（加白糖、猪油，同擂碎），水、酒、葱和味，装锡罐内，蒸熟。

【译】鲋鱼去肠不去鳞，用布擦干净血水。将花椒、砂仁、酱研磨至碎（加入白糖、猪油一起研磨更好），加入

① 纸箸包：用纸及竹箸包住坛口。

② 擂：这里为研磨使碎之意。

水、酒、葱等调味料一同调好口味，同鱼一并装进锡罐内，蒸熟即可。

消骨鱼

榄仁①或楮实子②捣末，涂鱼内外。煎熟，鱼骨消化。

【译】将橄榄仁或楮实子捣成末，涂到鱼的内、外。煎熟，至鱼骨酥化。

蛏③鲊

蛏一斤、盐一两，腌一伏时再洗净，控干，布包，石压。姜、桔丝五钱、盐一钱、葱丝五分，椒三十粒④、酒娘糟一大盏，拌匀入瓶，十日可供。

【译】一斤蛏、一两盐，腌一个伏天再洗净，控干水分，用布包起来，用石压住。五钱姜和橘丝、一钱盐、五分葱丝、三十粒花椒，一大杯酒酿糟，拌匀装入瓶中，十天以后就可以吃了。

---

① 榄仁：榄仁树果实之仁。榄仁树，亦称"山枇杷"。

② 楮（chǔ）实子：楮树果实之仁。楮，木名。

③ 蛏：介壳类的一种，壳细长形，两头常开，长约二寸，肉白可吃。味鲜美。

④ 椒三十粒：花椒三十粒。

水鸡①腊

肥水鸡，只取两腿（余肉另入馔），用椒、酒、酱和浓汁浸半日。炭火缓炙干，再蘸汁再炙。汁尽②，抹熟油再炙，以熟透发松为度。烘干，瓶贮，久供（色黄勿焦为妙）。

【译】选用肥青蛙，只取用蛙的两腿（剩下的肉另作其他菜肴），用花椒、酒、酱和浓汁将蛙腿浸泡半天。用炭火慢慢将蛙腿烤干，再蘸汁后烤。汁用完后，抹熟油再烤，以熟透发松为标准。烘干，装瓶收贮，可以长期吃（蛙腿烤制得颜色黄但不焦为好）。

臊子蛤蜊

水煮去壳③。切猪肉，肥精相半，作小骰子④块，酒拌，炒煮⑤半熟，次下椒，葱、砂仁末，盐、醋和匀，入蛤蜊同炒一转，取前煮蛤原汤澄清烹入（汤不许太多），滚过

---

① 水鸡：青蛙。

② 汁尽：汁干。

③ 水煮去壳：将蛤蜊用水煮后去掉外壳。

④ 骰（tóu）子：也叫"色（shǎi）子"。赌博时用以投掷。本叫"投子"，后来改用骨制作，故称"骰子"。

⑤ 炒煮：此处疑为只是炒制。

取供。

【译】将蛤蜊用水煮后去掉外壳。切猪肉，肥肉、瘦肉各一半，切成"色子"块，入酒拌匀，炒至半熟，再下入花椒、葱末、砂仁末、盐、醋和匀，与蛤蜊同炒一下，取出之前煮蛤蜊的原汤澄清后烹入（汤不要太多）锅中，开锅后取出就可以食用了。

醉虾

鲜虾，拣净入瓶，椒、姜末拌匀。用好酒顿滚，泼过①。夏月可一二日，冬月不坏。食时加盐、酱。

【译】选取鲜虾，拣净装入瓶中，加入花椒、姜末拌匀。用好酒炖开之后浸泡。夏天可存放一两天，冬天一个月都不会坏。吃的时候加些盐、酱。

酒鱼

冬月，大鱼切大片，盐拿，晒略干，入罐。滴烧酒灌满，泥口。来岁②三四月取用。

【译】冬天的时候，将大鱼切成大片，用盐揉过，晒至

① 泼过：此处是浸泡的意思。

② 来岁：第二年。

略干，装入罐中。滴入烧酒灌满罐子，用泥封闭罐口。第二年三四月的时候取出来食用。

酒曲鱼

大鱼治净，一斤切作手掌大薄片。用盐二两、神曲末四两、椒百粒、葱一握、酒二斤拌匀，密封。冬七日可食，夏一宿可食。

【译】将大鱼整治干净，取一斤切成手掌大的薄片。用二两盐、四两神曲末、百余粒花椒、一把葱、两斤酒拌匀，装罐密封。冬天时七天后就可以食用，夏天时一夜后就可以食用。

甜虾

河虾滚水焯过，不用盐，晒干，味甜美。

【译】将河虾用开水焯过，不要加盐，晒干，味道甜美。

虾松

虾米拣净，温水泡开。下锅微煮取起，酱、油各半拌浸。用蒸笼蒸过，入姜汁，并加些醋。虾小微蒸，虾大多蒸。以入口虚松为度。

【译】将虾米拣干净，用温水泡开。下锅微煮后取出来，加入酱、油各一半拌后浸泡。再将虾米用蒸笼蒸过，加入姜汁，并加些醋。如果虾小稍微蒸一下即可，如果虾大就要多蒸一会儿。以虾入口松软为标准。

法制虾米

阙（原文缺）。

淡菜①

水洗，搜剔尽。蒸过，酒娘糟②糟下。

【译】将淡菜用水洗过，挑选、整治干净。上笼蒸过，用酒糟来糟制。

酱鳆③

治净，煮过，切片。用好豆腐切骰子块，炒熟。乘热撒

---

① 淡菜：贻贝科动物的贝肉，也叫青口。有补肝肾、益精血的作用。

② 酒娘澡：酒糟。

③ 鳆（fù）：鲍鱼。它的壳叫"石决明"。俗称"鲍鱼"，软体动物的一种，生活在海中，有椭圆形贝壳。肉可以吃，甚为鲜美。

入鳔鱼拌匀，好酒娘一烹，脆美。

【译】将鲍鱼整治干净，煮过，切成片。用好豆腐切成"色子"块，炒熟。趁热撒入鳔鱼拌匀，用好酒糟一烹，口感脆美。

虾米粉

白亮细虾米，烘燥磨粉，收贮。入蛋腐、乳腐及炒拌各种细馔，或煎腐洒入并佳。

【译】将白、亮、细的虾米烘干磨成粉，收贮。将虾米粉加入鸡蛋羹、豆腐腐乳及炒、拌各种精细菜肴里，或者在煎豆腐时撒入都很好。

鲞^①粉

宁波淡白鲞，洗净，切块，蒸熟。剥肉细锉^②，取骨酥炙^③，焙燥，磨粉，收用。

【译】宁波淡白鲞，洗净，切块，蒸熟。剥肉锉磨，将鱼骨烤酥，烤干，磨成粉，收贮备用。

---

① 鲞（xiǎng）：腌过的鱼干。

② 细锉：锉细。这里为锉磨之意。

③ 酥炙：指将鱼骨烤酥。

薰鲫

鲜鲫治净，拭干，甜酱酱一宿。去酱，油烹。微晾，茴、椒末揩①匀，柏仁薰之。

【译】将鲜鲫鱼整治干净，擦干水分，用甜酱腌一夜。去掉酱，用油炸。稍微晾一下，用茴香、花椒末擦匀，再用柏仁熏制即可。

糟鱼

腊月，鲜鱼治净，去头、尾，切方块。微盐腌过。日晒，收去盐水迹。每鱼一斤，糟半斤、盐七钱、酒半斤，和匀入罐，底面须糟多。固三日，倾倒一次。一月可用。

【译】腊月的时候，将鲜鱼整治干净，去掉头、尾，切成方块。用少许盐腌一下。在太阳下晒过，收去盐和水迹。每一斤鱼，用半斤糟、七钱盐、半斤酒和匀后装入罐中，罐底要多放糟。放三天后要将罐倾倒一次。一个月以后就可以食用了。

---

① 揩：擦。

海蜇

水洗净，拌豆腐略煮，则涩味尽而柔脆（腐则不堪①）。加酒娘、酱油、花椒醉之。

【译】将海蜇用水洗净，拌入豆腐下锅略煮，海蜇的涩味没有了而且变得柔脆（豆腐就不能食用了）。加入酒糟、酱油、花椒醉制即可。

---

① 腐则不堪：豆腐就不能食用了。

蟹

酱蟹、糟蟹、醉蟹精妙秘诀

其一诀：雌不犯雄①，雄不犯雌，则久不沙②（此明朝南院子名妓所传也。凡团脐③数十个为罐④。若杂一尖脐⑤于内，则必沙。尖脐亦然）。

其一：酒不犯酱，酱不犯酒，则久不沙（酒、酱合用，止供旦夕⑥。数日便沙，易红）。

其一：蟹必全活，螯足无伤。

【译】精妙秘诀一：雌蟹中不能夹杂雄蟹，雄蟹中不能夹杂雌蟹，时间久了蟹黄、蟹油也不会松散（这是明朝南院子名妓所传的。几十个雌蟹装一罐，如果混入一只雄蟹，蟹黄、蟹油就会松散。雄蟹也一样）。

精妙秘诀二：酒中不能夹杂酱，酱中不能夹杂酒，时间久了蟹黄、蟹油也不会松散（如果酒、酱合用，可供食的时间极短。几天后蟹黄、蟹油便会松散，容易变红）。

---

① 雌不犯雄：雌蟹中不能夹杂雄蟹。犯，有触犯等意，谓不能让雌蟹、雄蟹混杂。

② 沙：指蟹黄、蟹油松散。

③ 团脐：指雌蟹圆而扁平的腹部，亦指雌蟹。

④ 为罐：为一罐，装一罐之意。

⑤ 尖脐：指雄蟹尖而呈三角形的腹部，亦指雄蟹。

⑥ 旦夕：早晚之间。形容时间极短。

精妙秘诀三：蟹一定要全是活的，蟹螯、蟹足要全且没有伤。

上品酱蟹

上好极厚甜酱，取鲜活大蟹。每个以麻丝缚定，用手捞酱，搵①蟹如团泥，装入罐内封固。两月开②，脐亮易脱，可供。如未易脱，再封好候之③。食时以淡酒洗下酱来，仍可供厨，且愈鲜也。

【译】准备上好的口味醇厚的甜酱，选取鲜活大蟹。每个蟹用麻丝绑好，用手将酱捞出涂在蟹的身上，装入罐内封闭严实。两个月后开罐，蟹脐亮白容易脱落，就可以供食。若蟹脐不容易脱落，就再封好罐口等蟹被酱熟。吃的时候用淡酒把酱洗下来，洗下的酱仍可供厨房用，且味道很鲜。

糟蟹

三十团脐不用尖，老糟斤半半斤盐。好醋半斤斤半酒，

---

① 搵（wèn）：揩拭。这里是涂抹的意思，指将酱涂在蟹身上。

② 两月开：两个月后开罐。

③ 候之：等蟹被酱熟。

入朝直吃到明年①。

脐内每个入糟一撮，罐底铺糟，一层糟一层蟹，灌满，包口。装时以火照过，入罐，则不沙②。团脐取其盍③多，然大尖脐亦妙也。

【译】这首民间"糟蟹"的歌诀大意是：选用三十个母蟹（不用公蟹），加入一斤半老酒糟、半斤盐、半斤好醋、一斤半酒腌渍，第八天就可以食用，可以一直吃到第二年。

每个螃蟹的脐内入糟一小撮，罐底铺酒糟，一层酒糟一层蟹，装满罐子，封住罐口。装罐的时候灯照过螃蟹，再装入罐，见灯后蟹黄、蟹油就会松散。母蟹可取的蟹黄多，然而大公蟹口味也挺好。

醉蟹

以甜三白酒注盆内，将蟹拭净投入。有顷，醉透不动。

---

① "三十团脐不用尖"一诗：这是一首民间关于"糟蟹"的歌诀。元《居家必用事类全集》等著作中早有记载，只是个别字句不同。

② 则不沙：明代一些饮食著作说"糟蟹""见灯变沙"。疑"不沙"之"不"为衍字。

③ 盍（huāng）：这里指蟹黄。

取起，将脐内泥沙去净，入椒盐①一撮，茱萸②一粒（置此可经年不沙），反纳③罐内。洒椒粒，以原酒浇下，酒与蟹平，封好。每日将蟹转动一次，半月可供。

【译】用甜的三白酒倒入盆内，将蟹擦洗干净放入酒中。过一会儿，螃蟹醉透后就不动了。将螃蟹取出来，去掉脐内的泥沙，加入一撮按一定比例炒拌好的花椒末和盐，一粒茱萸（放入茱萸可使蟹黄、蟹油长时间不松散），将蟹反过来（脐朝上）放在罐内。撒上花椒粒，用之前的酒浇下，酒的液面要与螃蟹持平，封闭好。每日将蟹转动一次，半个月后就可以食用了。

松壑蒸蟹

活蟹入锅，未免炮烙之惨④。宜以淡酒入盆，略加水及椒、盐、白糖、姜、葱汁、菊叶汁，搅匀。入蟹，令其饮，

---

① 椒盐：花椒末和盐按一定比例炒拌而成。

② 茱（zhū）萸（yú）：植物名。a.山茱萸，落叶小乔木，开小黄花。果实椭圆形，红色，味酸，可入药。b.吴茱萸，落叶乔木，开黄绿色小花。果实红色，可入药。c.食茱萸，落叶乔木，开淡绿色花。果实味苦，可入药。饮食上用的以吴茱萸居多。

③ 反纳：将蟹反过来放。

④ 未免炮烙之惨：不要像用炮烙烙人一样惨。炮烙，相传是殷代所用的一种酷刑。用铜柱烧炭使热，烙有罪者。

醉不动，方取入锅。既供饕腹^①，尤少寓不忍于万一云^②。蟹浸多^③，水煮则减味。法以稻草捶软，挽匦髻^④入锅，平水面，置蟹蒸之，味足。山药、百合、羊眼豆等，亦当如此^⑤。

【译】将活蟹入锅，不要像用炮烙烙人一样惨。适合用淡酒入盆，加少许水及花椒、盐、白糖、姜、葱汁、菊叶汁，搅匀。下入蟹，让它喝汤汁，喝醉就不动了，再取出下入锅中。供能吃的美食家食用，尤其能够稍稍寄托万分之一的不忍之心。煮蟹水放得太多，煮过的螃蟹就会减味。将稻草捶软，绾成匦髻形状入锅，与水面齐，放入蟹蒸制，这样味道足。蒸山药、百合、羊眼豆等，也应当采用蒸蟹的这种方法。

蟹鳌^⑥

煮蟹，食时擘开^⑦。于红盉之外、黄白翳^⑧内，有鳌大小

---

① 饕（tāo）腹：老饕之腹。

② 尤少寓不忍于万一云：尤其能够稍稍寄托万分之一的不忍之心。云，语气词。

③ 蟹浸多：指煮蟹放的水太多。

④ 匦髻（jì）：匦髻之形。

⑤ 亦当如此：指蒸山药、百合、羊眼豆等，也应当采用蒸蟹的这种方法。

⑥ 鳌：正文中作"鳌"，疑"鳌"都应是"鳖"。

⑦ 擘（bāi）开：指将螃蟹分开。擘，同"掰"，用手把东西分开或折断。

⑧ 翳（yì）：遮蔽。这里指一种薄膜。

如瓜仁，尖棱六出^①，似杠柧^②楞叶，良可怕人，即以蟹爪挑开取出。若食之，腹痛。盖其毒全在此也。

【译】将蟹煮熟，吃的时候将螃蟹掰开。在红蟹黄的外面、黄白薄膜的里面，有一个鳌大小像瓜子仁一样，有个六角形的东西，很像用木杠弄平了的楞叶，有点吓人，要用蟹爪挑开取出。如果吃了这东西，会肚子痛。蟹的毒都在这里。

① 尖棱六出：有六个尖棱。据说是蟹的心脏，俗称"六角虫"，是靠近蟹黄和蟹油处的一只近似六角形的东西。因其寒性重，食时必须剔除。

② 柧（gū）：把东西弄平。

禽之属

卤鸡

雏鸡治净。用猪板油四两（捶烂）、酒三盎、酱油一盎、香油少许、茴、椒、葱同鸡入镟①。汁料半入腹内，半淹鸡上，约浸浮四分许。用面饼盖镟。用蒸架②架起，隔汤蒸熟。须勤翻看火候。

【译】将雏鸡整治干净，把四两猪板油（捶烂）、三碗酒、一碗酱油、少许香油、茴香、花椒、葱同鸡放在一起，把一半汁料加进鸡腹内，另一半淹过鸡身，大约浸过四分左右，用面饼盖上，用蒸架架起，隔水蒸熟。蒸的时候要勤翻，使鸡尽透火候。

鸡松

鸡同黄酒、大小茴香、葱、椒、盐、水煮熟。去皮、骨，焙干。擂极碎，油焙干③，收贮。

【译】鸡同黄酒、大小茴香、葱、花椒、盐、水煮熟，

---

① 镟（xuàn）：镟子。原为温酒的器具。后也用来隔水蒸食物。

② 蒸架：放在蒸锅上，以把被蒸之物和水隔开的架子。

③ 擂极碎，油焙干：在擂得极碎的鸡松中放油，再用文火烤干。

去了皮和骨，烘干。在捶得很碎的鸡松中加油，再用文火烤干，收藏。

粉鸡

鸡胸肉[①]，去筋、皮，横切作片。每片捶软，椒、盐、酒、酱拌，放食顷[②]。入滚汤焯过，取起，再入美汁烹调。松嫩。

【译】选用鸡胸肉，去掉筋、皮，横切成片，把每片肉片捶软，加入花椒、盐、酒、酱拌匀。腌一顿饭的工夫，放入开水中焯过，取出，再加入好的调味汁烹调。鸡片口味松嫩。

蒸鸡
（鹅、鸭、猪、羊肉同法）

嫩鸡治净。用盐、酱、葱、椒、茴末匀涂[③]，腌半日。入锡镟，蒸一炷香[④]取出，撕碎，去骨。斟酌加调滋味，再

---

① 鸡胸肉：鸡脯肉。

② 放食顷：指将用调料拌好的鸡片放置一顿饭的时间，以使调料能渗透到鸡肉之中。

③ 匀涂：用调料均匀涂擦鸡身。

④ 蒸一炷香：蒸燃烧一炷香的时间。炷，原指灯芯，后引申为被燃烧的柱状物。因香为柱状的，故称"一炷香"。

蒸一炷香。味香美。

【译】将嫩鸡整治干净。用盐、酱、葱、花椒、茴香末均匀地涂到鸡身上，腌渍半天。将鸡放在锡镟上，蒸一炷香的时间后取出，撕碎，去骨。酌情加入调料调好口味，再蒸一炷香的时间。鸡的味道香美。

炉焙鸡 [1]

肥鸡水煮八分熟，去骨，切小块。锅内熬油，略炒，以盆盖定。另锅烧极热酒、醋、酱油相半，入香料并盐少许，烹之。候干再烹。如此数次。候极酥极干取起。

【译】将肥鸡用水煮八分熟，去骨，切成小块。锅内烧热油，放入鸡块略炒，用盆盖严。另起锅把酒、醋、酱油烧开，拌进鸡块，加入少许香料和盐，烹炒。等汁干了，再烹，这样做几次。等到非常酥非常干的时候取出即可。

煮老鸡

猪胰一具，切碎，同煮 [2]。以盆盖之，不得揭开。约法

---

① 炉焙鸡：这道菜在明代的一些烹饪著作，如《易牙遗意》等中已有记载。制法基本相同。

② 同煮：和老鸡一同煮。

为度，则肉软而汁佳。老鹅、鸭同^①。

【译】猪胰一副，切碎，与老鸡一起煮。用盆盖好，不要揭开，按规定的方法做，就会使老鸡的肉软而汁美。做老鹅、鸭也用同样的方法。

让鸭^②

鸭治净。胁下取孔，去肠杂，再净。精制猪肉饼子剂^③入满^④。外用茴、椒、大料涂满，箬片包扎固入锅，钵覆^⑤，文武火煮三次。烂为度。

【译】将鸭整治干净。在胁下挖个洞，除去内脏，再洗干净。用肉馅塞满鸭腹。鸭的外面用茴香、花椒、大料涂满，再用箬竹叶包扎固定起来入锅，把饭钵扣过来盖好鸭，用文、武火煮三次。将鸭煮熟透为止。

① 老鹅、鸭同：煮老鹅、鸭，方法和煮老鸡相同。

② 让鸭：亦可称"酿鸭""瓤鸭"。

③ 猪肉饼子剂：肉馅。

④ 入满：将肉馅放满鸭腹。

⑤ 钵覆：用钵盖上。

封鹅

治净，内外抹香油一层，用茴香、大料及葱实腹^①。外用长葱裹紧，入锡罐，盖住，入锅^②，上覆大盆，重汤煮。以箸扦入^③，透底为度^④。鹅入罐通^⑤不用汁。自然上升之气味凝重而美。吃时再加糟油，或酱油、醋。

【译】把鹅整治干净，内、外均抹香油一层，用茴香、大料及葱填充在肚子里。肚外用长葱捆紧，放进锡罐里，盖住，将装鹅的锡罐放入锅中，上面盖上大盆，隔水煮。煮到以用筷子能一直戳到底为（煮好了）标准。把鹅全部放进罐里不用汁，自然上升的气味凝结越重口味越美。吃的时候再加入糟油，或者酱油、醋。

白烧鹅^⑥

肥鹅治净。盐、椒、葱、酒多擦内外，再用酒、蜜涂

---

① 实腹：塞入鹅肚子中。

② 入锅：将装鹅的锡罐放入锅中。

③ 以箸扦（qiān）入：（检查鹅熟不熟）用筷子插入鹅肉之中。扦，这里为插之意。

④ 透底为度：以一直能戳到底为（煮好了）标准。

⑤ 通：全部。

⑥ 白烧鹅：此菜最早见于元倪瓒所撰之《云林堂饮食制度集》，名叫"烧鹅"。两者制法完全一致。

遍。入锅，竹棒阁起^①，入水、酒各一盏^②。盖锅，以湿纸封缝^③。干则以水润之^④。用大草把一个烧过，再烧草把一个。勿早开看，盖上冷方开，翻鹅一转^⑤，封盖如前。再烧草把一个，候冷即熟^⑥。

【译】将肥鹅整治干净。用盐、花椒、葱、酒使劲擦鹅的内外，再用酒、蜜将鹅涂遍。放进锅里，用竹棒架起，加入酒、水各一杯，盖上锅用湿纸封缝。干了就洒点水将纸润湿。用一个大草把烧过，再烧一个草把。不要提前打开盖子看，等到锅盖冷却了再打开，将鹅翻一个身，再封盖如之前一样。再烧一个草把，等锅盖凉了，鹅也就熟了。

嘉兴马疃^⑦泼黄雀

肥黄雀去毛、眼净。令十许岁儿童，以小指从尻^⑧挖雀腹中物净（雀肺若收聚得碗许，用酒漂净，配笋芽、嫩姜、美料、酒浆、酱油烹煮，真佳味也）。用淡盐酒灌入雀腹，

---

① 阁起：架起。

② 盏：指浅而小的杯子，亦指酒等的计量单位。这里的盏为计量单位。

③ 封缝：封锅与锅盖之间的缝。

④ 润之：润湿封缝的纸。

⑤ 翻鹅一转：将鹅翻一个身。

⑥ 候冷即熟：等到锅盖冷却，"白烧鹅"就熟了。

⑦ 马疃（tuǎn）：地名，即马家疃。

⑧ 尻（kāo）：脊骨的末节。这里指黄雀的肛门。

洗过沥净。一面取猪板油，剥去筋膜，捶极烂，入白糖、花椒、砂仁细末、飞盐少许，斟酌调和，每雀腹中装入一二匙①，将雀入瓷钵，以尻向上密比②装好；一面备腊酒酿、甜酱油、葱、椒、砂仁、茴香各粗末，调和成味。先将好菜油热锅熬沸，次入诸味③，煎滚舀起，泼入钵内，急以瓷盆覆之。候冷，另用一钵，将雀搬入④，上层在下，下层在上，仍前装好⑤。取原汁⑥入锅，再煎滚，再舀起泼入，盖好，候冷。再如前法泼一遍，则雀不走油而味透。将雀装入小罐，仍以原汁灌入，包好。若即欲供食，取一小瓶重汤煮一顷，可食。如欲留久，则先时只须泼两次足矣。临用时，重汤多煮数刻便好。雀卤留炖鸡蛋用，入少许，绝妙。

【译】将肥黄雀去毛、眼净。让十来岁的儿童，用小指从黄雀的肛门挖出腹中内脏至干净（如果将黄雀肺收聚一碗左右，用酒漂洗干净，配笋芽、嫩姜、美料、酒浆、酱油烹煮，真是美味）。用淡盐、酒灌入黄雀腹中，将黄雀洗过、沥净水分。一面选取猪板油，剥去筋、膜，捶得非常烂，加入白糖、花椒、砂仁细末、少许飞盐，酌情调和口味，每个

① 匙（chí）：舀汤的小勺子。又叫"调羹"。

② 密比：紧密挨着。比，挨着。

③ 诸味：各种调味品。

④ 搬入：移入的意思。

⑤ 仍前装好：仍然像以前一样装好。

⑥ 原汁：指泼过黄雀的料汁。

黄雀腹中装入一两勺子，将黄雀装入瓷钵，黄雀肛门向上紧密地一个挨一个地装好；一面准备腊酒糟、甜酱油及葱、花椒、砂仁、茴香（各为粗末），调和好口味。先将好菜油热锅熬沸，再下入各种调味品，煎开后舀起，泼入钵内，快速用瓷盆盖好。凉后，另取一个钵，将黄雀移入，上层在下，下层在上，仍然像以前一样装好。取泼过黄雀的料汁，入锅，再煮开，再舀起泼入钵内，用瓷盆盖好，凉凉。再像以前一样泼一遍，这样黄雀不会走油而且味道均匀。将黄雀装入小罐，仍然用泼过黄雀的料汁灌入，包好。如果想马上就吃，取一小瓶料汁把黄雀隔水煮一会儿，就可以吃了。如果想长期存放，之前只需泼两次汁就可以了。临用的时候，隔水多煮一段时间就好。煮黄雀的卤汁留着炖鸡蛋用，加少许即可，特别好吃。

卵之属

百日内糟鹅蛋

新酿兰白酒，初发浆。用麻线络著①鹅蛋，挂竹棍上，横撑②酒缸口，浸蛋入酒浆内，隔日一看，蛋壳碎裂，如细哥窑纹③，取起，抹去碎壳，勿损内衣④。预制米酒甜糟（酒娘糟更妙），多加盐拌匀，以糟揾蛋上，厚倍之。入罐，一大罐可容蛋二十枚。两月余可供。

【译】选用新酿的兰白酒，刚发浆的。用麻线网住鹅蛋，挂在竹棍上，竹棍横放在酒缸口，将鹅蛋浸泡在酒浆内，隔天一看，蛋壳碎裂，很像细的哥窑的纹路，就取起，抹去碎的蛋壳，不要伤及内膜。用事先准备好的米酒甜糟（用酒糟更好），多加些盐拌匀，将酒糟涂抹在鹅蛋上，越厚越好。将鹅蛋装入罐中，一大罐可以容纳二十枚鹅蛋。两个多月就可以吃了。

---

① 络著：网住。

② 横撑：横放的意思。

③ 细哥窑纹："哥窑"，宋代浙江著名的瓷窑，利用胎和釉在烧制时收缩率有差别，烧成釉面有疏密不同裂纹的"百圾碎"（又叫"开片"）。

④ 内衣：内膜。

煮蛋

鸡（鸭）蛋同金华火腿煮熟。取出，细敲碎皮。入原汁再煮一二炷香，味妙。剥净冻之更妙。

【译】鸡（或鸭）蛋与金华火腿一并煮熟。取出来慢慢敲碎蛋皮。下入原汁再煮一两炷香的工夫，味道好。剥净冷冻之后更好。

一个蛋

一个鸡蛋可炖一大碗。先用箸将黄、白打碎，略入水再打。渐次加水及酒、酱油，再打。前后须打千转①。架碗②，盖好，炖熟。勿早开③。

【译】一个鸡蛋可炖一大碗。先用筷子将蛋黄、蛋白打碎，稍微加些水再打。逐渐加水及酒、酱油，再打。前后须打一千转。将蛋碗架在锅中，盖好锅盖，炖熟。不能提早开锅盖。

① 千转：一千转。

② 架碗：将蛋碗架在锅中。

③ 勿早开：不能提早开锅盖。

软去蛋硬皮

滚醋①一碗，入一鸡子于中，盖好。许时，外壳化去。用水浴过，纸收迹②。入糟易熟。

【译】一碗烧开的醋，下入一个鸡蛋在里面，盖好盖子。过一会儿，蛋的外壳化去。用水轻轻冲过，再用纸吸掉蛋上的水迹。加入糟蛋容易熟。

龙蛋

鸡子数十个，一处打搅极匀，装入猪尿脬③内，扎紧。用绳缒④入井内。隔宿取出，煮熟。剥净，黄、白各自凝聚，混成一大蛋，大盘托出，供客一笑。

揆其理⑤，光炙日月，时历子午，井界阴阳⑥，有固然者。缒井须深，浸须周时。

---

① 滚醋：烧开的醋。

② 纸收迹：用纸吸掉蛋上的水迹。

③ 猪尿（suī）脬（pao）：猪膀胱。

④ 缒（zhuì）：用绳索拴住人或物从上往下放。

⑤ 揆（kuí）其理：揣度大蛋形成的原理。揆，这里为揣度的意思。

⑥ 光炙日月，时历子午，井界阴阳：这里是用古代"阴阳"学说来解释大蛋形成的原理。大意是说，蛋由于受到日光、月光的照耀，经历了子时、午时，而井在阴（地下）阳（地上）分界之处，所以蛋白（在外，属阳）和蛋黄（在内，属阴）也就分开了。这种解释不符合现代科学。

此蛋或办桌面、或办祭用。以入镟子，真奇观也。秘之。

【译】取儿十个鸡蛋，顺着一个方向搅打得非常均匀，装入猪尿脬内，扎紧口，用绳子缒入井内。隔一夜取出来，煮熟。剥净外皮，蛋黄、蛋白各自凝聚，混合成为一个大蛋，用大盘托出，让客人一笑。

揣度大蛋形成的原理：蛋由于受到日光、月光的照耀，经历了子时、午时，而井在阴（地下）阳（地上）分界之处，所以蛋白（在外，属阳）和蛋黄（在内，属阴）也就分开了（这种解释不符合现代科学）。"大蛋"缒入井要深，要在井里浸泡一天一夜。

此蛋或用于酒席或用于祭祀。放在镟子上，真是奇观。好好收藏这个方法吧。

肉之属

蒸腊肉

洗净，煮过。换水又煮，又换几数次，至极净极淡。入深锡镟，加酒、酱油、葱、椒、茴蒸熟。则陈肉①而别有新味，故佳。

【译】把腊肉洗净，煮过。换水再煮，多换几次水多煮几次，腊肉到极净极淡的程度。放入深锡镟里，加入酒、酱油、葱、花椒、茴香蒸熟。就是陈肉也会有新的味道，所以好。

煮腊肉

煮腊肉，陈者每油哮气。法于将熟时，以烧红炭火数块，淬入锅内，则不哮。

【译】煮腊肉时，放陈了的腊肉常常会有怪油味。去除的办法是在肉快熟时，把烧红的炭取出几块，淬入锅内，腊肉就不带怪油味了。

---

① 陈肉：腊肉放的时间长，故曰"陈肉"。

藏腊肉

腌就小块肉，浸菜油罐内。随时取用，不臭不虫①。油仍无碍②。

【译】把腌好的小块腊肉，浸泡在菜油罐内。随时取用，不会臭也不会生虫。对泡肉的菜油没有影响（仍可食用）。

肉脯③

诀曰：一斤肉切十来条，不论猪羊与太牢④。大盏醇醪⑤小盏醋，葱椒茴桂入分毫。飞盐四两称来准，吩咐庖人慢火烧。酒尽醋干方是味，味甘不论孔闻《韶》⑥。

---

① 不臭不虫：不会变臭，也不会生虫。

② 油仍无碍：对油依然没有影响。

③ 肉脯：肉干。关于这道菜的较早歌诀，见元、明之际无名氏编的《居家必用事类全集》。名叫"脯法"："歌括云：不论猪羊与太牢，一斤切作十六条。大盏醇醪小盏醋，马芹莳萝入分毫。拣净白盐秤四两，寄语庖人慢火熬。酒尽醋干方是法，味甘不论孔闻韶。"可见，"肉脯"的歌诀和"脯法"的歌诀基本是一样的。

④ 太牢：古代帝王、诸侯祭祀社稷时，牛、羊、猪等全备为"太牢"，亦作"大牢"。也有专指牛的。这里的"太牢"与猪、羊并称，当即指牛。

⑤ 醇醪（láo）：味道浓厚的美酒。

⑥ 味甘不论孔闻《韶》：味道的佳美使得孔子闻《韶》乐的事也不值得提了。孔闻《韶》，《论语·述而篇》："子在齐闻《韶》，三月不知肉味，曰：'不图为乐之至于斯也。'"《韶》，是流传在当时贵族中的古乐。

【译】口诀大意是：一斤肉切成十来条，选用猪、羊、牛肉都可以。加入一大碗美酒、一小碗醋，再加入少许葱、花椒、茴香、桂皮及四两飞盐。吩咐厨师要慢火炖，炖至汤汁快没了的时候就熟了，味道特别好。

煮肚

治极净，煮熟。预铺稻草灰于地，厚一二寸许。以肚乘热置灰上，瓦盆覆紧。隔宿肚厚加倍。入盐、酒再煮食之。

【译】将肚子洗得非常干净，煮熟。预备稻草灰在地上，厚一两寸。将肚子趁热放到灰上，用瓦盆盖紧。过一夜后肚子会加厚一倍，再加入盐、酒煮着吃。

肺羹

肺，以清水洗去外面血污。以淡酒加水和一大桶，用盏舀入肺管内。入完，肺如巴斗大，扎紧管口，入锅煮熟。剥去外皮，除大小管净，加松子仁、鲜笋、香蕈、腐衣（各细切），入美汁作羹。佳味也。

【译】肺用清水洗去外面的血污。用淡酒加水调和成一大桶，用碗舀着灌入肺管内。加完，肺像一只巴斗那样大，扎紧肺管口，放进锅里煮熟。剥去外皮，把大、小肺管都除净，加入切碎的松子仁、鲜笋、香菇、腐衣等，加入调好的料汁做羹，好味道。

煮茄肉

茄煮肉，肉每黑。以枇杷核数枚剥净同煮，则肉不黑色。

【译】茄子煮肉的时候，肉一定会黑。用几枚剥净的枇杷核一同煮，肉就不是黑色的了。

夏月冻蹄膏

猪蹄治净。煮熟，去骨，细切。加化就石花一二杯许，入香料再煮极烂。入小口瓶内，油纸包扎，挂井水内。隔宿破瓶取用。

【译】猪蹄整治干净，煮熟，去骨，细切。加入一两杯化开的石花菜，加入香料，再煮得非常烂。装入小口瓶内，用油纸包扎瓶口，挂到井水内。过一夜后打破瓶子就可以取用了。

皮羹

煮熟火腿皮切细条子，配以笋、香蕈、韭芽，肉汤，下之。风味超然。

【译】把煮熟的火腿皮细切成条，配上笋、香蕈、韭菜，倒入肉汤，风味很棒。

灌肚

猪肝及小肠治净。用香蕈磨粉，拌小肠，装入肚肉，缝口，煮极烂。

【译】将猪肚和猪小肠整治干净，把香蕈磨成粉，拌入小肠，装入猪肚内，缝上口，煮到熟透。

兔生

兔去骨，切小块，米泔浸捏洗净。再用酒脚浸洗。再漂净，沥干水迹。用大小茴香、胡椒、花椒、葱、油、酒，加醋少许，入锅烧滚，下兔肉滚熟。

【译】兔子去掉骨头，切成小块，用淘米水浸泡后搓洗干净。再用酒器中的残酒浸洗，再用清水漂净，用大小茴香、胡椒、花椒、葱、油、酒，加少许醋，入锅烧开，下兔肉煮熟。

熊掌①

带毛者②。挖地作坑，入石灰及半，放掌于内，上加石灰，凉水浇之。候发过，停冷取起，则毛易去，根俱出③。洗净，米泔浸一二日，用猪脂油包煮。复去油，撕条，猪肉同炖。

熊掌最难熟透，不透者食之发胀。加椒、盐末和面裹，饭锅上蒸十余次，乃可食。

或取数条同猪肉煮，则肉味鲜而厚。留掌条④勿食。俟⑤煮猪肉仍伴入。伴煮数十次乃食。久留不坏，久煮熟透，糟食更佳。

【译】选用带毛的熊掌。在地上挖个坑，填进半坑石灰，把熊掌放进去，上面再盖石灰，用凉水浇，等石灰发开，待到石灰凉了取出熊掌，上面的毛就连根去掉了。将熊掌洗净，在淘米水里浸泡一两天，用猪油脂包起来煮，煮好了再去掉猪油，将熊掌撕成条，与猪肉一起炖。

熊掌最难熟透，不熟透的吃了会使人发胀。加入花椒、盐末调和面后裹好熊掌，在饭锅上蒸十多次，才可以吃。

---

① 熊掌：现行法律法规规定禁止食用。

② 带毛者：带毛的熊掌。

③ 根俱出：毛根也能一起去掉。

④ 掌条：熊掌条。

⑤ 俟（sì）：等待。

或者取几条熊掌肉同猪肉一起煮，肉味就鲜而且醇厚。留着熊掌条不吃，等煮猪肉的时候再下入熊掌条，这样一同煮几十次后才吃。熊掌条长期保存不会坏，长时间煮才能熟透，糟食更好。

黄鼠 ①

泔浸一二日，入笼，脊向底蒸。如蒸馒头许时，火候宁缓勿急。取出，去毛，刷极净。每切作八九块。块多则骨碎杂难吃。每块加椒盐末，面裹再蒸。火候缓而久，一次蒸熟为妙。多次则油走而味淡矣。取出糟食。

【译】将黄鼠用淘米水浸泡一两天，放入蒸笼，黄鼠脊背向下蒸，大约用蒸一锅馒头一样的时间，火候要慢不要急。蒸后取出，去毛，洗刷到非常干净。每只黄鼠切成八九块。块数多了骨头就碎了，虽然块小但吃起来不方便。每块加入花椒、盐末，用面包裹起来再蒸，火候慢而且时间长，一次蒸熟最好。多次蒸就会走油而且味道变淡。取出后糟食。

---

① 黄鼠：啮齿目，松鼠科。别名草原黄鼠、大眼贼、豆鼠子等。

跋

《清异录》①载：段文昌②丞相，自编食经五十卷，时号《邹平公食宪章》。是书初名《食宪》，本此③。文昌精究馔事，第中庖所榜曰"炼修堂"，在途号"行珍馆"。家有老婢掌其法④，指授女仆四十年。凡阅百婢，独九婢可嗣法⑤。乃知饮食之务，亦具有才难之叹也。夫调和鼎鼐，原以比大臣燮理⑥。自古有君必有臣，犹之有饮食之人必有庖人也。遍阅十七史，精于治庖者，复几人哉⑦！

秀水⑧朱昆田⑨

【译】《清异录》中记载：段文昌丞相，自己编写

---

① 《清异录》：传为宋朝陶谷所撰的一部杂记。

② 段文昌：山东临淄人，唐元和中为翰林学士，穆宗（李恒）朝入相，文宗（李昂）时，曾被封为"邹平郡公"。

③ 是书初名《食宪》，本此：《养小录》这本书开始起名为《食宪》，根据的就是《邹平公食宪章》。

④ 掌其法：掌握了段文昌所满意的烹饪技艺。

⑤ 独九婢可嗣（sì）法：只有九个婢女可以继承"老婢"的手艺。嗣，接续，继承。

⑥ 夫调和鼎鼐（nài），原以比大臣燮（xiè）理：用鼎鼐调和五味，原来就用作比喻宰相治理国事的。《老子》："治大国若烹小鲜。"讲的就是烹调和治国的关系。鼎鼐，均为古代炊具。鼐，大鼎。燮理，调和；调理。

⑦ 遍阅十七史，精于治庖者，复几人哉：看遍十七史，精于治国的人，又有几个呢？十七史，指古代的十七部正史。

⑧ 秀水：浙江的县名。

⑨ 朱昆田：朱彝尊之子，字西畯（jùn），另字文盎。

了五十卷的食经，当时起名为《邹平公食宪章》。《养小录》这本书开始起名为《食宪》，根据的就是《邹平公食宪章》。段文昌丞相精心研究美食，府第中的厨房称作"炼修堂"，在外地住所的厨房称作"行珍馆"。府中有个老女仆掌握了段文昌所满意的烹饪技艺，传授给其他女仆技艺四十年。共传授给一百多个女仆，只有九个女仆可以继承老女仆的手艺。由此可知对饮食的追求，具有（烹饪）才能是很难的，这是我的感慨。用鼎鼐调和五味，原来就用作比喻宰相治理国事的。自古有君必有臣，也就是说有饮食之人必有厨师。（但）看遍十七史，精于治国的人，又有几个呢！

秀水朱昆田